中等职业教育精品教材

国学经典选读

主　编	刘继明	徐燕英	
副主编	刘春燕	朱忠华	糜跃明
参　编	付功利	刘雅雯	刘　燕
	黄园园	王　燕	季长青
	宋烨君	金维巧	季李字
	沈海烨	张晓梅	范敏煜

北京理工大学出版社
BEIJING INSTITUTE OF TECHNOLOGY PRESS

版权专有　侵权必究

图书在版编目（CIP）数据

国学经典选读 / 刘继明，徐燕英主编. -- 北京：北京理工大学出版社，2023.1重印
ISBN 978-7-5682-9933-6

Ⅰ.①国… Ⅱ.①刘…②徐… Ⅲ.①国学－通俗读物　Ⅳ.①Z126-49

中国版本图书馆CIP数据核字（2021）第116747号

出版发行 / 北京理工大学出版社有限责任公司
社　　址 / 北京市海淀区中关村南大街5号
邮　　编 / 100081
电　　话 /（010）68914775（总编室）
　　　　　（010）82562903（教材售后服务热线）
　　　　　（010）68944723（其他图书服务热线）
网　　址 / http://www.bitpress.com.cn
经　　销 / 全国各地新华书店
印　　刷 / 定州市新华印刷有限公司
开　　本 / 889毫米×1194毫米　1/16
印　　张 / 12.5　　　　　　　　　　　　　　　　　责任编辑 / 李慧智
字　　数 / 179千字　　　　　　　　　　　　　　　文案编辑 / 李晴晴
版　　次 / 2023年1月第1版第2次印刷　　　　　　　责任校对 / 刘亚男
定　　价 / 39.00元　　　　　　　　　　　　　　　责任印制 / 边心超

图书出现印装质量问题，请拨打售后服务热线，本社负责调换

Preface 前言

雅言传承文明，经典浸润人生。

我国古代经典作品，语言凝练典雅，内容博大精深，是传承中华优秀传统文化的重要载体，历代相传。阅读国学经典，不仅可以促进语言理解与运用、思维发展与提升，而且有利于审美发现与鉴赏、文化传承与参与，是提高学生语文核心素养的重要途径之一。

2014年3月教育部颁发的《完善中华优秀传统文化教育指导纲要》和2017年1月中共中央办公厅、国务院办公厅印发的《关于实施中华优秀传统文化传承发展工程的意见》都充分重视中华传统优秀文化在国民教育中的育人作用，并明确指出要分学段有序推进并把相关内容融入课程和教材体系；强调加强对青少年学生的中华优秀传统文化教育，要以弘扬爱国主义精神为核心，以家国情怀教育、社会关爱教育和人格修养教育为重点，着力完善青少年学生的道德品质，培养理想人格，提升政治素养。

基于中华优秀传统文化教育的核心内容和《中等职业学校语文课程标准（2020年版）》的要求，我们将《国学经典选读》按照主题进行了组织和编写，根据中职生的认知发展水平和特点分别编排了"家国情怀""远大志向""责任担当""勤奋好学""坚韧不拔""严谨谦逊""仁义友善""感恩孝悌""真诚守信""团结协作""开拓创新""精益求精"12个单元，从不同角度、不同层面展现了中华优秀传统文化的丰富内涵。单元主题紧扣传统文化，选文题材内容丰富，体裁形式灵活多样，从先秦诸子散文到明清小说均有收录，精选经典篇目，围绕单元主旨，文意鲜明，语言典雅，篇幅适当。

每个单元由"单元导读""经典选文""现实拓展""思辨讨论"四大板块构成。"单元导读"板块从总体上帮助学生理解和掌握本

单元主要学习内容。"经典选文"板块紧扣主题，选取4～6篇文章，以经典名言为索引，寻根溯源展示原文出处，借助注释理解文意，资料链接部分或介绍作者，或介绍背景，或介绍相关知识，或概括主旨，或梳理写作特点，简明扼要，丰富内容。"现实拓展"板块选取了现实生活中鲜活典型的人物事迹，彰显中华优秀传统文化的当代价值，注重传统文化的传承和弘扬。"思辨讨论"板块结合选文内容，设计了4个思考题，注重创设具体情境，富有思辨色彩。

本书可作为中职学生语文课内外自读课本，也可作为传统文化校本课程教材。在使用的过程中引导学生了解古代文化常识，理解古人深邃的思想，理顺作者的行文思路，提高语文学科素养，感受国学之美，增强文化自信。

本书由浙江省丽水市职业高级中学刘继明、浙江省海宁市职业高级中学徐燕英担任主编，主要负责框架制定和统稿等工作；浙江省丽水市职业高级中学刘春燕，浙江省海宁市职业高级中学朱忠华、糜跃明担任副主编，负责统稿、修改等工作。编写分工如下：海宁市职业高级中学付功利编写第一单元；浙江省丽水市职业高级中学刘雅雯编写第二单元；浙江省海宁市职业高级中学刘燕编写第三单元；浙江省丽水市职业高级中学黄园园编写第四单元；浙江省宁波市奉化区工贸旅游学校王燕编写第五单元；浙江省海宁市职业高级中学季长青编写第六单元；浙江省丽水市职业高级中学宋烨君编写第七单元；浙江省丽水市景宁畲族自治县职业高级中学金维巧编写第八单元；浙江省丽水市职业高级中学季李字编写第九单元；浙江省丽水市景宁畲族自治县职业高级中学沈海烨编写第十单元；浙江省海宁市职业高级中学张晓梅编写第十一单元；浙江省海宁市职业高级中学范敏煜编写第十二单元。

本书在编写过程中，得到了各地市职教教研单位及专家郑丽丹的大力支持与帮助，在此一并致谢。

由于编者水平有限，在编写的过程中难免有疏漏和错误之处，敬请读者批评指正。

编　者

Contents 目录

第一单元　家国情怀　　1
- 第一课　小雅·采薇　　2
- 第二课　为政以德　　6
- 第三课　苏武留胡不辱节　　9
- 第四课　治家如治国　　14

第二单元　远大志向　　22
- 第五课　龟虽寿　　23
- 第六课　志当存高远　　25
- 第七课　庄子坚守己志　　27
- 第八课　班超投笔从戎　　29

第三单元　责任担当　　35
- 第九课　病起书怀　　36
  　　　　满江红　　36
- 第十课　乐以天下，忧以天下　　39
- 第十一课　弦高犒师　　41
- 第十二课　诸葛亮罪己　　44

第四单元　勤奋好学　　52
- 第十三课　劝学　　53
  　　　　　冬夜读书示子聿　　53
- 第十四课　纪昌学射　　55
- 第十五课　王羲之学书　　57
- 第十六课　胡安定泰山投书　　59

第五单元　坚韧不拔　　64
- 第十七课　浪淘沙　　65
  　　　　　竹石　　65
- 第十八课　愚公移山　　68
- 第十九课　报任安书（节选）　　71
- 第二十课　《围炉夜话》四则　　75

第六单元　严谨谦逊　　80
- 第二十一课　题李凝幽居　　81
  　　　　　　咏竹（节选）　　81
- 第二十二课　敏事慎言　　84
- 第二十三课　老父告诫孙叔敖　　86
- 第二十四课　尽小者大，慎微者著　　88

第七单元　仁义友善　　95
- 第二十五课　卫风·木瓜　　96
  　　　　　　过零丁洋　　96
- 第二十六课　孟子见梁惠王　　99
- 第二十七课　管鲍仁善之交　　101
- 第二十八课　荀巨伯远看友人疾　　103
  　　　　　　顾荣施炙　　103

第八单元　感恩孝悌　　109
- 第二十九课　邶风·凯风　　110
- 第三十课　问孝　　112

第三十一课	子路负米	114
第三十二课	陈情表	116

第九单元　真诚守信　127

第三十三课	卫风·氓	128
第三十四课	言而有信	132
第三十五课	诚于中，形于外	135
	自诚明	135
第三十六课	韩信千金报恩	138
	陈太丘与友期	138

第十单元　团结协作　145

第三十七课	秦风·无衣	146
第三十八课	得道多助，失道寡助	148
第三十九课	五帝本纪（节选）	150
第四十课	桃园三结义（节选）	154

第十一单元　开拓创新　162

第四十一课	论诗五首（其一）	163
	酬乐天扬州初逢席上见赠	163
第四十二课	各因其宜	166
第四十三课	改易更革	168
第四十四课	河中石兽	172

第十二单元　精益求精　178

第四十五课	题诗后	179
	苦吟	179
第四十六课	孔子学琴	181
第四十七课	庖丁解牛	185
第四十八课	卖油翁	188

家国情怀 第一单元

单元导读

"家是最小国，国是千万家。"家国情怀，是中华民族优秀传统文化的重要内容，是中华民族五千多年历史上众多志士仁人的杰出表现，更是实现中华民族伟大复兴的中国梦不可或缺的精神特质。

本单元共选了4篇课文。其中有不同身份、不同境遇，而相同的则是那一份家国情怀。"为有牺牲多壮志，敢教日月换新天。"祖国的万里江山、人民的幸福安宁，离不开英雄的慷慨付出。《小雅·采薇》是一首戍卒返乡诗，表现了从军将士的艰辛生活和思家忍苦之情，这是英雄的赞歌；《为政以德》集中表达了孔子"为政以德"的政治主张，这是心怀天下、济世安邦的情怀；《苏武留胡不辱节》生动再现了苏武留胡不辱节的民族气节，这是中国伦理人格的榜样；"天下之本在国，国之本在家，家之本在身。"每个家庭都是社会上最基础的细胞，家风是一个家庭、家族所拥有的道德情操、规范，是一种长期积淀下来的精神财富。《治家如治国》让我们看到良好家风的形成和传承。

经典选文

> **经典名言**
>
> 浊酒一杯家万里,燕然未勒归无计。羌管悠悠霜满地,人不寐,将军白发征夫泪。
>
> ——范仲淹

第一课

小雅·采薇

《诗经》

采薇采薇①,薇亦作止②。曰归曰归③,岁亦莫止④。靡室靡家⑤,玁狁之故⑥。不遑启居⑦,玁狁之故。

采薇采薇,薇亦柔止⑧。曰归曰归,心亦忧止。忧心烈烈⑨,载饥载渴⑩。我戍未定⑪,靡使归聘⑫。

采薇采薇,薇亦刚止⑬。曰归曰归,岁亦阳止⑭。王事靡盬⑮,不遑启处⑯。忧心孔疚⑰,我行不来⑱!

彼尔维何⑲?维常之华⑳。彼路斯何㉑?君子之车㉒。戎车既驾㉓,四牡业业㉔。岂敢定居?一月三捷㉕。

驾彼四牡,四牡骙骙㉖。君子所依㉗,小人所腓㉘。四牡翼翼㉙,象弭鱼服㉚。岂不日戒㉛？玁狁孔棘㉜！

昔我往矣㉝，杨柳依依㉞。今我来思㉟，雨雪霏霏㊱。行道迟迟㊲，载渴载饥。我心伤悲，莫知我哀！

【内容注释】

① 薇：豆科植物，今俗称大巢菜，可食用。一说指野生的豌豆苗。

② 作：生出，冒出地面，新长出来。止：语助词。

③ 曰：语助词，无义。归：回家。

④ 莫："暮"的本字。岁暮，一年将尽之时。

⑤ 靡：无。

⑥ 玁狁（xiǎnyǔn）：亦作"猃狁"。中国古代少数民族名，到春秋时代称为狄，战国、秦、汉称为匈奴。

⑦ 不遑：没空。遑，闲暇。启：跪坐。居：安居。一说启是跪，居是坐，启居指休整。

⑧ 柔：柔嫩。

⑨ 烈烈：火势很大的样子，此处形容忧心如焚。

⑩ 载：语助词，又。

⑪ 戍：驻守。定：安定。

⑫ 靡使：没有捎信的人。使，传达消息的人。归聘：带回问候。聘，探问。

⑬ 刚：坚硬指薇菜的茎叶变老变硬。

⑭ 阳：阳月，指夏历四月以后。一说指夏历十月。

⑮ 王事靡盬（gǔ）：征役没有停止。王事，指征役。盬：休止。

⑯ 启处：与"启居"同义。

⑰ 孔疚：非常痛苦。孔，很。疚，痛苦。

⑱ 不来：不归。来，回家。

⑲ 尔："薾"的假借字，花盛开貌。维何：是什么。维，语气助词。

⑳ 常：棠棣（树名），即扶移，木名。

㉑ 路：同"辂"，高大的马车。斯：语助词，无实义。

㉒ 君子：指将帅、主帅。

㉓ 戎车：兵车。

㉔ 四牡：驾兵车的四匹雄马。业业：马高大貌。

㉕ 三捷：与敌人交战多次。捷，同"接"。一说指胜利。三捷，指多次打胜仗。

㉖ 骙（kuí）骙：马强壮貌。

㉗ 依：乘，指将帅靠立在车上。

㉘ 小人所腓：士兵以车为掩护。小人，指士卒。腓（féi），"庇"的假借，隐蔽。

㉙ 翼翼：行止整齐熟练貌。

㉚ 象弭：象牙镶饰的弓。鱼服：鱼皮制成的箭袋。服，"箙"的假借。此句形容装备精良。

㉛ 日戒：每日警备。

㉜ 孔棘：非常紧急。棘，同"急"。

㉝ 昔：过去，当初离家应征的时候。往：指当初从军。

㉞ 依依：柳枝随风飘拂貌。

㉟ 思：语助词。

㊱ 雨（yù）：作动词，下雪。霏霏：雪花纷飞貌。

㊲ 行道：归途。迟迟：步履缓慢貌。

【资料链接】

《小雅·采薇》出自《诗经·小雅·鹿鸣之什》。从《小雅·采薇》的内容看，当是将士戍役劳还时所作，作于西周时期。全诗六节，每节八句，模仿一个戍卒的口吻，以采薇起兴，前五节着重写戍边征战生活的艰苦、强烈的思乡情绪以及久久未能回家的原因，既透露出士兵御敌胜利的喜悦，又流露出深感征战之苦及期望和平的心绪；第六节以痛定思痛的抒情结束全诗，感人至深。此诗运用了重叠的句式与比兴的手法，集中体现了《诗经》的艺术特色。末节前四句，抒写当年出征和此日生还这两种特定时刻的景物和情怀，言浅意深，情景交融，历来被认为是《诗经》中最有名的诗句之一。

> **经典名言**
>
> 治国安民儿辈事，博施济众我公徽。
>
> ——孙中山

第二课

为政以德

子曰："为政以德①，譬如北辰②，居其所③而众星共④之。"

子曰："道⑤之以政，齐⑥之以刑，民免而无耻⑦；道之以德，齐之以礼，有耻且格⑧。"

子张学干禄⑨，子曰："多闻阙疑⑩，慎言其余，则寡尤⑪；多见阙殆，慎行其余，则寡悔。言寡尤，行寡悔，禄在其中矣。"

哀公⑫问曰："何为则民服？"孔子对曰："举直错诸枉⑬，则民服；举枉错诸直，则民不服。"

季康子⑭问："使民敬、忠以劝⑮，如之何？"子曰："临⑯之以庄，则敬；孝慈⑰，则忠；举善而教不能，则劝。"

——节选自《论语·为政》

宪⑱问耻。子曰："邦有道，谷⑲；邦无道，谷，耻也。""克、伐⑳、怨、欲不行焉，可以为仁矣？"子曰："可以为难矣，仁则吾不知也。"

——节选自《论语·宪问》

【内容注释】

① 为政以德：以，用的意思。此句是说统治者应以道德进行统治，即"德治"。

② 北辰：北极星。

③ 所：处所，位置。

④ 共：同"拱"，环绕的意思。

⑤ 道：有两种解释：一为"引导"；二为"治理"。前者较为妥帖。

⑥ 齐：整齐、约束。

⑦ 免：避免、躲避。耻：羞耻之心。

⑧ 格：有两种解释：一为"至"；二为"正"。

⑨ 子张：姓颛孙，名师，字子张，生于公元前503年，比孔子小48岁，孔子的学生。干禄：干，求的意思。禄，即古代官吏的俸禄。干禄就是求取官职。

⑩ 阙：缺。此处意为放置在一旁。疑：怀疑。

⑪ 寡尤：寡，少的意思。尤，过错。

⑫ 哀公：姓姬，名蒋，哀是其谥号。鲁国国君，公元前494—前468年在位。

⑬ 举直错诸枉：举，选拔的意思。直，正直公平。错，同"措"，放置的意思。枉，不正直。

⑭ 季康子：姓季孙，名肥，康是他的谥号，鲁哀公时任正卿，是鲁国当时政治上最有权势的人。

⑮ 以：连接词，与"而"同。劝：勉励，这里是自勉努力的意思。

⑯ 临：对待。

⑰ 孝慈：一说当政者自己孝慈；一说当政者引导老百姓孝慈。此处采用前者。

⑱ 宪：姓原，名宪，孔子的学生。

⑲ 谷：这里指做官者的俸禄。

⑳ 伐：自夸。

【资料链接】

孔子（前551—前479），名丘，字仲尼，祖籍宋国栗邑（今河南商丘夏邑县），生于春秋时期鲁国陬邑（今山东曲阜）。中国著名的思想家、教育家、政治家，与弟子周游列国14年，晚年修订六经，即《诗》《书》《礼》《乐》《易》《春秋》。孔子去世后，其弟子及其再传弟子把孔子及其弟子的言行语录和思想记录下来，整理编成儒家经典《论语》。孔子在古代被尊奉为"天纵之圣""天之木铎"，是当时社会上的最博学者之一，其思想对中国和世界都有深远的影响，被联合国教科文组织评为"世界十大文化名人"之首。

课文节选自《为政》中的第一、三、十八、十九、二十和《宪问》第一章，阐述了为政以德是孔子的一贯主张，也是做好领导者的大智慧。

> **经典名言**
>
> 人生自古谁无死，留取丹心照汗青。
>
> ——文天祥
>
> 荷残风骨在，竹老气节存。
>
> ——胡秉言

第三课

苏武留胡不辱节

班　固

单于使卫律①召武受辞②。武谓惠③等："屈节辱命，虽生，何面目以归汉④！"引佩刀自刺。卫律惊，自抱持武，驰召医。凿地为坎，置煴火⑤，覆武其上，蹈其背以出血。武气绝，半日复息。惠等哭，舆⑥归营。单于壮⑦其节，朝夕遣人候问武，而收系张胜。

武益愈，单于使使晓武，会论虞常，欲因此时降武。剑斩虞常已⑧，律曰："汉使张胜谋杀单于近臣，当死。单于募降者赦罪。"举剑欲击之，胜请降。律谓武曰："副有罪，当相坐⑨。"武曰："本无谋，又非亲属，何谓相坐？"复举剑拟之，武不动。律曰："苏君，律前负汉归匈奴，幸蒙大恩，赐号称王，拥众数万，马畜弥山⑩，富贵如此！苏君今日降，明日复然。空以身膏⑪草野，谁复知之！"武不应。律曰："君因⑫我降，与君为兄弟；今不听吾计，后虽复欲见我，尚可得乎？"武骂律曰："汝为人臣子，不顾恩义，畔主背亲，为降虏于蛮夷，何以汝为见？且单于信汝，使决人死生，不平心持正，反欲斗两主⑬，观祸败。若知我不降明⑭，

欲令两国相攻，匈奴之祸，从我始矣。"

律知武终不可胁，白单于。单于愈益欲降之。乃幽武置大窖中，绝不饮食。天雨雪。武卧啮雪，与旃⑮毛并咽之，数日不死。匈奴以为神。乃徙武北海上无人处，使牧羝，羝乳乃得归⑯。别⑰其官属常惠等各置他所。武既至海上，廪⑱食不至，掘野鼠去⑲草实而食之。杖⑳汉节牧羊，卧起操持，节旄尽落。积五六年，单于弟於靬王弋射海上㉑。武能网纺缴㉒，檠㉓弓弩，於靬王爱之，给其衣食。三岁余，王病，赐武马畜、服匿、穹庐㉔。王死后，人众徙去。其冬，丁令㉕盗武牛羊，武复穷厄。

初，武与李陵俱为侍中㉖。武使匈奴，明年，陵降，不敢求武。久之，单于使陵至海上，为武置酒设乐。因谓武曰："单于闻陵与子卿素厚，故使陵来说足下，虚心欲相待。终不得归汉，空自苦亡㉗人之地，信义安所见㉘乎？前长君为奉车㉙，从至雍棫阳宫㉚，扶辇下除㉛，触柱折辕，劾大不敬㉜，伏剑自刎，赐钱二百万以葬。孺卿从祠河东后土㉝，宦骑与黄门驸马争船㉞，推堕驸马河中溺死，宦骑亡，诏使孺卿逐捕，不得，惶恐饮药而死。来时太夫人㉟已不幸，陵送葬至阳陵㊱。子卿妇年少，闻已更嫁矣。独有女弟㊲二人，两女一男，今复十余年，存亡不可知。人生如朝露，何久自苦如此！陵始降时，忽忽如狂，自痛负汉，加以老母系保宫㊳。子卿不欲降，何以过陵？且陛下春秋高㊴，法令亡常，大臣亡罪夷灭者数十家，安危不可知，子卿尚复谁为乎？愿听陵计，勿复有云。"武曰："武父子亡功德，皆为陛下所成就，位列将㊵，爵通侯㊶，兄弟亲近，常愿肝脑涂地。今得杀身自效，虽蒙斧钺汤镬，诚甘乐之。臣事君，犹子事父也。子为父死，亡所恨，愿无复再言！"

陵与武饮数日，复曰："子卿壹听陵言！"武曰："自分已死久矣！王必欲降武，请毕今日之欢，效死于前！"陵见其至诚，喟然叹曰："嗟呼，义士！陵与卫律之罪上通于天！"因泣下霑衿，与武决㊷去。

武以始元六年春至京师。武留匈奴凡十九岁㊸，始以强壮出，及还，须发尽白。

——节选自《汉书·苏武传》

【内容注释】

① 卫律：本为长水胡人，但长于汉，被协律都尉李延年荐为汉使出使匈奴。回汉后，正值延年因罪全家被捕，卫律怕受牵连，又逃奔匈奴，被封为丁零王。

② 受辞：受审讯。

③ 惠：这里指常惠，和苏武、张胜一同出使的人。

④ 何面目以归汉：还有什么脸面回到家乡去呢！

⑤ 凿地为坎：地上挖一个坑。煴（yūn）火：微火。

⑥ 舆：轿子。此用作动词，犹"抬"。

⑦ 壮：意动用法，以……为壮。

⑧ 已：已经，后。

⑨ 相坐：连带治罪。古代法律规定，凡犯谋反等大罪者，其亲属也要跟着治罪，叫作连坐或相坐。

⑩ 弥山：满山。

⑪ 膏：肥美滋润，此用作动词。

⑫ 因：顺着。

⑬ 斗两主：使汉皇帝和匈奴单于相斗。斗，用作使动词。

⑭ 若知我不降明：若，你。你明知道我决不会投降。状语后置。

⑮ 旃：通"毡"，毛织的毡毯。

⑯ 羝（dī）：公羊。乳：用作动词，生育，指生小羊。公羊不可能生小羊，故此句是说苏武永远没有归汉的希望。

⑰ 别：使……分开。

⑱ 廪（lǐn）：廪食，公家供给的粮食。

⑲ 去：通"弆"（jǔ），收藏。

⑳ 杖：拄着，动词。

㉑ 於（wū）靬（jiān）王：且鞮单于的弟弟，汉代匈奴诸王之一。弋射：

射猎。

㉒武能网纺缴：此句"网"前应有"结"字。缴，系在箭上的丝绳。

㉓檠（qíng）：矫正弓箭的工具。此用作动词，犹"矫正"。

㉔服匿：盛酒酪的容器，类似今天的坛子。穹庐：圆顶大帐篷，犹今之蒙古包。

㉕丁令：即丁灵，匈奴北边的一个部族。

㉖李陵：字少卿，西汉陇西成纪（今甘肃秦安）人，李广之孙，武帝时曾为侍中。天汉二年（前99）出征匈奴，兵败投降，后病死匈奴。侍中：官名，皇帝的侍从。

㉗亡：通"无"。

㉘见：通"现"。

㉙长君：指苏武的长兄苏嘉。奉车：官名，即"奉车都尉"，皇帝出巡时，负责车马的侍从官。

㉚雍：汉代县名，在今陕西凤翔县南。棫（yù）阳宫：秦时所建宫殿，在雍东北。

㉛辇（niǎn）：皇帝的坐车。除：宫殿的台阶。

㉜劾（hé）：弹劾，汉时称判罪为劾。大不敬：不敬皇帝的罪名，为一种不可赦免的重罪。

㉝孺卿：苏武弟苏贤的字。河东：郡名，在今山西夏县北。后土：地神。

㉞宦骑：骑马的宦官。黄门驸马：宫中掌管车辇马匹的官。

㉟太夫人：指苏武的母亲。

㊱阳陵：汉时有阳陵县，在今陕西咸阳市东。

㊲女弟：妹妹。

㊳保宫：本名"居室"，太初元年更名"保宫"，囚禁犯罪大臣及其眷属之处。

㊴春秋高：年老。春秋，指年龄。

㊵位：指被封的爵位。列将：一般将军的总称。苏武父子曾被任为右

将军、中郎将等。

㊶ 通侯：汉爵位名，本名彻侯，因避武帝讳改。苏武父苏建曾封为平陵侯。

㊷ 决：通"诀"，诀别。

㊸ "武留"句：苏武汉武帝天汉元年（前100）出使，至汉昭帝始元六年（前81）还，共19年。

【资料链接】

班固（32—92），字孟坚，扶风安陵（今陕西咸阳东北）人，东汉著名史学家、文学家。班固出身儒学世家，其父班彪、伯父班嗣，皆为当时著名学者。班固一生著述颇丰。作为史学家，其著作《汉书》是继《史记》之后中国古代又一部重要史书，"前四史"之一；作为辞赋家，班固是"汉赋四大家"之一，《两都赋》开创了京都赋的范例，列入《文选》第一篇；同时，班固还是经学理论家，他编辑撰成的《白虎通义》，集当时经学之大成，使谶纬神学理论化、法典化。

《苏武传》是《汉书》中最出色的名篇之一，它记述了苏武出使匈奴，面对威胁利诱坚守节操，历尽艰辛而不辱使命的事迹，生动刻画了一个"富贵不能淫，威武不能屈"的爱国志士的光辉形象。作者采用写人物传记经常运用的纵式结构来组织文章，以顺叙为主，适当运用插叙的方法，依时间的先后进行叙述，脉络清晰，故事完整。

> **经典名言**
>
> 奉先思孝，处下思恭；倾己勤劳，以行德义。
>
> ——李世民

第四课

治家如治国

颜之推

夫风化①者，自上而行②于下者也，自先而施于后者也。是以父不慈③则子不孝，兄不友则弟不恭④，夫不义则妇不顺矣。父慈而子逆，兄友而弟傲，夫义而妇陵⑤，则天之凶民，乃刑戮之所摄⑥，非训导之所移也。

笞怒⑦废于家，则竖子之过立见；刑罚不中⑧，则民无所措手足。治家之宽猛，亦犹国焉。

孔子曰："奢则不孙，俭则固⑨。与其不孙也，宁固。"又云："如有周公之才之美，使骄且吝，其余不足观也已。"然则可俭而不可吝已。俭者，省约为礼之谓也；吝者，穷急不恤之谓也。今有施则奢，俭则吝；如能施而不奢，俭而不吝，可矣。

生民之本，要当稼穑⑩而食，桑麻以衣。蔬果之畜，园场之所产；鸡豚之善，树圈之所生。复及栋宇器械，樵苏脂烛，莫非种殖之物也⑪。至能守其业者，闭门而为生之具以足，但家无盐井耳。今北土风俗，率能躬俭节用，以赡衣食⑫。江南奢侈，多不逮⑬焉。

世间名士，但务宽仁，至于饮食饷馈⑭，僮仆减损，施惠然诺，妻子节量，狎侮宾客，侵耗乡党，此亦为家之巨蠹⑮矣。

——节选自《颜氏家训·治家篇》

【内容注释】

① 风化：教育感化。

② 行：推行。

③ 慈：（上对下的）疼爱。

④ 友：友爱。恭：恭敬。哥哥对弟弟友爱，弟弟对哥哥恭敬。

⑤ 陵：通"凌"，欺侮。

⑥ 乃刑戮之所摄：要用刑罚杀戮来使他畏惧。

⑦ 笞：鞭打。怒：发怒。

⑧ 刑罚不中：刑罚用得不恰当。

⑨ 孙：通"逊"，恭顺。固：鄙陋。

⑩ 稼穑：播收庄稼。

⑪ 复及栋宇器械，樵苏脂烛，莫非种殖之物也：还有那房屋器具，柴草蜡烛，没有一样不是通过耕种养殖获得的。

⑫ 以赡衣食：温饱就满足了。赡，供给财物，赡养。

⑬ 逮：到，及。这里说江南一带地方奢侈，多数比不上北方。

⑭ 饷馈：待客馈送的饮食。

⑮ 蠹（dù）：蛀虫，这里指危害家庭的人或事。

【资料链接】

颜之推（531—约597），字介，生于江陵（今湖北江陵），祖籍琅邪临沂（今山东临沂），中国古代文学家、教育家。学术上，颜之推博学多识，一生著述甚丰，所著书大多已亡佚，今存《颜氏家训》和《还冤志》两书，《急就章注》《证俗音字》和《集灵记》有辑本。

《颜氏家训》，共7卷20篇。颜氏先世随东晋渡江，寓居建康。侯景之乱，梁元帝萧绎自立于江陵，之推任散骑侍郎。承圣三年（554），西魏破江陵，之推被俘西去。他为回江南，乘黄河水涨，从弘农（今河南三门峡西南）偷渡，经砥柱之险，先逃奔北齐。但南方陈朝代替了梁朝，之推南归之愿未遂，即留居北齐，官至黄门侍郎。577年齐亡入周。隋代周后，又仕于隋。家训一书在隋灭陈（589）以后完成。

现实拓展

大山里的女校长张桂梅
"为了改变1 600多名山区女孩的命运"

在云南省丽江市华坪县，华坪女子高级中学（以下简称"华坪女高"）的高考生正在紧张备战。这是全国第一所全免费的公办女子高中，招收的主要是完成九年制义务教育后无法继续求学的山区女生。

华坪女高建校12年，已有1 645名大山里的女孩从这里走进大学。2019年高考，华坪女高118名毕业生，一本上线率达到40.67%，本科上线率为82.37%，排名丽江市第一。能取得这样的成绩，离不开学校的创始人兼校长，63岁的张桂梅。

"哪怕我自己出钱，也一定要让她读书"

张桂梅是东北人，17岁那年来到云南支边，后随丈夫同在大理白族自治州喜洲镇第一中学任教。喜洲是张桂梅丈夫的老家，张桂梅以为那里将会是她余生的归宿。

1996年，张桂梅的丈夫因胃癌去世。张桂梅黯然神伤，申请从大理调出，被调到丽江市华坪县民族中学任教。

张桂梅很快发现，这里的教育环境和之前所在的学校相差不少。有的家长带着一大包角票交学费；有的孩子只吃饭，舍不得吃菜；有的女孩儿从课堂上消失，回家嫁人……张桂梅看在眼里，疼在心里。

张桂梅让村干部跟学生家长沟通，说自己出钱，一定让孩子读书。"我不让这个班的孩子因为交不起书费辍学，我拼老命，一边教书一边往回找孩子。"

"像乞丐一样"筹集经费，却被骂是"骗子"

2001年，华坪儿童之家（福利院）成立，捐助方指定让身为教师的张桂梅兼任院长。儿童之家收养的孩子中有一部分是被遗弃在福利院门口的健康女婴，无儿无女的张桂梅成了她们的"妈妈"。

儿童之家和民族中学的经历让张桂梅萌生了一个想法：筹建一所免费女子高中。

从2002年起，张桂梅就开始四处奔走。她带着优秀教师的证件和媒体对自己的报道，背着孤儿院最小的孩子，在整个城市中筹集经费，就像乞丐一样。但人们的回应常常是：骗子。

一条破了洞的裤子成为梦想与现实的转机

2002—2007年，张桂梅每年利用寒暑假到外地筹款，但总共只筹措到1万元，远远不够开办一所学校需要的资金。

2007年，张桂梅作为党的十七大代表到北京开会时，一位细心的记者发现，张桂梅穿的牛仔裤居然破了两个洞，她开始了解张桂梅的故事。

接下来，一篇《我有一个梦想》的报道让张桂梅和她的女子高中梦在全国传开。此后社会各界纷纷伸出援助之手，其中丽江市和华坪县各拿出100万元，帮助张桂梅办校。

2008年8月，华坪女高建成，9月正式开学，教师工资和办学经费均由县财政保障，学校建设由教育局负责。张桂梅担任校长，并吸引来了16名教职员工。

华坪女高首届共招收女生100名，绝大多数是少数民族。因为入学分数没有门槛，学生普遍基础较差，成绩始终提不上去。

张桂梅到山里家访时，学生的爷爷奶奶说，孙女读高中了，他们可以放心了。张桂梅回学校就把老师集中起来说："干就干，不干就辞职走人，好不容易人家把孩子交给我们了，最少教出二本学生来。"

绝境之下，是什么让师生们一起"拼了"？

这个当时看起来几乎不可能完成的任务让不少教师打了退堂鼓，加之学校条件简陋，建校才半年，17名教师中就有9名提出辞职。眼看学校快要办不下去了，心灰意冷的张桂梅整理资料准备交接，但老师们的资料让她眼前一亮，剩下的8个人里有6名共产党员。

他们在学校二楼画了一面党旗，把誓词写在上面。大家还没宣誓完就全哭了。

从那之后，每天早上5点多钟起床，夜里12点后休息，3分钟之内从教室赶到食堂，吃饭不超过10分钟……在华坪女高，每件事都被张桂梅严格限制在规定时间内。

知识在山里人的心中究竟是什么分量？张桂梅直言："女孩子受教育，是可以改变三代人的。"

而为了改变命运，张桂梅与老师们付出的"几乎是生命"。有个女老师做肿瘤手术，张桂梅劝其请假，她却说："医生说能穿衣服我就回来，我不请假……"

2011年，华坪女高第一届毕业生参加高考，本科上线69人，综合上线率达100%。张桂梅交出的成绩单打消了人们的疑虑。从2011年起，华坪女高连续9年高考综合上线率为100%，一本上线率从首届的4.26%上升到2019年的40.67%，排名全市第一。

"只要她们过得比我好，就足够了"

华坪女高佳绩频出之时，张桂梅的身体却每况愈下，她患上了肺气肿、肺纤维化、小脑萎缩等10余种疾病。

6年前，因为胳膊疼得抬不起来，张桂梅停止了授课，转当后勤。她是校长，也是保安，每天拿着小喇叭，催促学生起床吃饭做操。每年寒暑假，她都坚持到贫困山区做家访，把"知识改变命运、文化摆脱贫困"的理念带进大山。

张桂梅说："当听到学生大学毕业后能为社会做贡献时，我们觉得值了。不管怎样，我救了一代人，不管是多是少，她们过得比我好，比我幸福，就足够了，这对我是最大的安慰。"

——央视新闻，2020-06-30

思辨讨论

1. 《小雅·采薇》中戍卒的思家之情是如何表现的？你是否也有过住校、外出等离家在外思念家和亲人的感受？写写你当时的心理，注意运用恰当的修辞和表达方式。

2. 坚强个性、民族气节、爱国意志是苏武形象的主要特征。从文中找出体现苏武崇高气节的句子，并阐述这一精神的现实意义。

3. "为政以德"体现孔子"仁"的思想核心。有人说治国须依法，有法可依是国家长治久安的根本；也有人说"为政以德"表现在法理思想上，就是"以刑辅德""以德去刑""恤刑慎杀"，这二者并不矛盾。对此你怎么看？说说你的观点。

4. 阅读下面内容，按要求完成微写作（两个题目中挑选一个）。

高考结束了，经过努力小伟如愿拿到了大学录取通知书，可是他做了一个决定——保留学籍去服兵役。这让他的家人很不理解。他们觉得当兵很苦，既已考上大学，完全可以不用去吃这个苦。且当兵也有一定的危险，虽然现在是和平年代，不需要"人民战士驱虎豹，舍生忘死保和平"，但是在人民的生命财产受到威胁的时候，仍然需要他们挡在老百姓的身前，洪水、地震、森林大火……想想就心有余悸。虽然他们也敬重英雄，赞美英雄，可是不希望小伟成为英雄。

作为小伟的好朋友，你很能理解他的决定，其实你也有和他同样的想法——去当兵。

（1）请你给小伟的父母家人写一封信，做做他们的思想工作，你准备怎样说服他们？

（2）小伟即将入伍，你想对他说些什么？把对他的祝福和期望写成一份欢送词吧。

第二单元 远大志向

单元导读

明代思想家王守仁曾说:"志不立,天下无可成之事。"立志,在《现代汉语词典》中解释为"立定志愿",也就是确定人生志向。而志向,就是一个人树立的明确且远大的奋斗目标。中西方的历史表明,任何一个在人类发展史上留下痕迹的伟人,无一不立有远大的志向,并以此为自己终生奋斗的最高理想;无论历经怎样的艰难险阻,都矢志不移。立志是成功的起点和力量的源泉。

本单元所选的4篇课文中所表现的几个人物身份各不相同,却都有着远大的志向:《龟虽寿》中的曹操虽已至暮年,仍"壮心不已",老当益壮、锐意进取,那是一代枭雄的远大志向;《各言其志》中的孔子及他的弟子们,以"仁"为己任,死而后已,在所不惜,那是一群求道者的远大志向;《庄子坚守己志》中的庄子,淡泊明志,不为利益所动,坚持追求自由,那是一位思想家的远大志向;《班超投笔从戎》中的班超,出身于文人之家,为了实现自己的志向,毅然投笔从戎,建功立业,那是一个普通人的远大志向。

经典选文

> **经典名言**
>
> 有志不在年高,无志空长百岁。
>
> ——石成金

第五课

龟虽寿①

曹 操

神龟②虽寿,犹有竟③时。
腾蛇乘雾,终为土灰④。
老骥伏枥⑤,志在千里。
烈士⑥暮年,壮心不已。
盈缩⑦之期,不但在天;
养怡⑧之福,可得永年。
幸甚至哉⑨,歌以咏志。

【内容注释】

① 该诗作于建安十二年(207),这时曹操53岁。这首诗是《步出夏

门行》的最后一章。诗中融哲理思考、慷慨激情和艺术形象于一炉，表现了作者老当益壮、锐意进取的精神面貌。

② 神龟：传说中的通灵之龟，能活几千岁。

③ 竟：终结，这里指死亡。

④ 螣蛇乘雾，终为土灰：螣蛇即使能乘雾升天，最终也得死亡，变成灰土。螣蛇，传说中与龙同类的神物，能腾云驾雾。螣音同"腾"。

⑤ 骥（jì）：良马，千里马。枥（lì）：马槽。

⑥ 烈士：有远大抱负的人。

⑦ 盈缩：指人寿命的长短。盈，满，引申为长。缩，亏，引申为短。

⑧ 养怡：保养身心健康。

⑨ 幸甚至哉：庆幸得很，好极了。幸，庆幸。至，极点。最后两句是合乐时加的，跟正文没关系，是乐府诗的一种形式性结尾。

【资料链接】

曹操（155—220），即魏武帝，本名吉利，字孟德，小名阿瞒，沛国谯县（今安徽亳州）人。东汉末年杰出的政治家、军事家、文学家、书法家，曹魏政权的奠基人。曹操喜欢用诗歌、散文来抒发自己的政治抱负，反映民生疾苦，是魏晋文学的代表人物，主要作品有《观沧海》《龟虽寿》《让县自明本志令》《蒿里行》《孟德新书》等。在此诗中，作者自比一匹上了年纪的千里马，虽然形老体衰，屈居枥下，但胸中仍然激荡着驰骋千里的豪情壮志，表现了其老当益壮、锐意进取的精神面貌，充满了对生活的真切体验，有着一种真挚而浓烈的感情力量。全诗诗情与哲理交融，构思新巧，语言清峻刚健，融哲理思考、慷慨激情和艺术形象于一炉，述理、明志、抒情在具体的艺术形象中实现了完美的结合。

> **经典名言**
>
> 人生各有志。
>
> ——王粲

第六课

志当存高远

颜渊、季路侍。子曰:"盍①各言尔志?"子路曰:"愿车马、衣轻裘与朋友共,敝之而无憾。"颜渊曰:"愿无伐善②,无施劳③。"子路曰:"愿闻子之志。"子曰:"老者安之,朋友信之,少者怀之。"

——节选自《论语·公冶长》

子夏曰:"博学而笃志,切问④而近思,仁在其中矣。"

——节选自《论语·子张》

子曰:"三军⑤可夺帅也,匹夫⑥不可夺志也。"

——节选自《论语·子罕》

曾子曰:"士不可以不弘毅⑦,任重而道远。仁以为己任,不亦重乎?死而后已,不亦远乎?"

——节选自《论语·泰伯》

【内容注释】

① 盍：何不。

② 伐善：夸耀自己的优点或才能。伐，夸耀。

③ 施劳：张扬自己的功劳。施，张扬、炫耀。

④ 切问：提问切身相关的问题。

⑤ 三军：军队的通称。

⑥ 匹夫：夫妇相匹配，分开说则叫匹夫、匹妇，所以匹夫指男子汉。

⑦ 弘毅：弘，广大。毅，强毅。

【资料链接】

《论语》，是由孔子弟子及其再传弟子编纂而成，成书于战国前期，主要以语录和对话文体的形式记录了孔子及其弟子的言行，集中体现了孔子的政治、审美、道德伦理和功利等价值思想。

《论语》内容涉及政治、教育、文学、哲学以及立身处世的道理等多个方面。早在春秋后期孔子设坛讲学时期，其主体内容就已初始创成。孔子去世以后，他的弟子和再传弟子代代传授他的言论，并逐渐将这些口头记诵的语录言行记录下来，因此称为"论"；《论语》主要记载孔子及其弟子的言行，因此称为"语"。现存《论语》共20篇492章，其中记录孔子与弟子及时人谈论之语约444章，记孔门弟子相互谈论之语48章。

《论语》作为儒家经典著作之一，其思想主要有三个既各自独立又紧密相依的范畴：伦理道德范畴——仁、社会政治范畴——礼、认识方法论范畴——中庸。仁，首先是人内心深处的一种真实的状态，真的极致必然是善的，这种真和善的全体状态就是"仁"。孔子确立仁的范畴，进而将礼阐述为适应仁、表达仁的一种合理的社会关系与待人接物的规范，进而明确"中庸"的系统方法论原则。

> **经典名言**
>
> 坚志者，功名之柱也。
>
> ——葛洪

第七课

庄子坚守己志

司马迁

楚威王闻庄周贤，使使①厚币迎之，许以为相。庄周笑谓楚使者曰："千金，重利；卿相，尊位也。子独②不见郊祭之牺牛③乎？养食④之数岁，衣⑤以文绣⑥，以入大庙⑦。当是之时，虽欲为孤豚⑧，岂可得乎？子亟⑨去，无污我，我宁游戏污渎之中自快，无为有国者⑩所羁，终身不仕，以快吾志焉。"

——节选自《史记·老庄申韩列传》

【内容注释】

① 使使：前一个"使"是动词，派遣的意思；后一个"使"是名词，使者的意思。

② 独：难道。

③ 牺牛：畜养之用以祭礼宗庙的牛。

④ 食：指给牺牛吃。

⑤ 衣：此用作动词，指给牺牛穿。

⑥ 文绣：有花纹的刺绣。

⑦ 大庙：帝王的祖庙。

⑧ 孤豚：无人喂养的小猪。

⑨ 亟：赶紧。

⑩ 有国者：拥有国家的人，指国君。

【资料链接】

司马迁，字子长，生于龙门（西汉夏阳——今陕西韩城，另说今山西河津），西汉史学家、散文家。司马谈之子，任太史令，因替李陵败降之事辩解而受宫刑，出狱后任中书令，发愤完成所著史籍，被后世尊称为史迁、太史公、历史之父。

司马迁早年受学于孔安国、董仲舒，漫游各地，了解风俗，采集传闻。初任郎中，奉使西南。元封三年（前108）任太史令，继承父业，著述历史。他以其"究天人之际，通古今之变，成一家之言"的史识创作了中国第一部纪传体通史《史记》（原名《太史公书》）。该书被公认为中国史书的典范，其中记载了从上古传说中的黄帝时期，到汉武帝元狩元年（122），长达3 000多年的历史，是"二十四史"之首，被鲁迅誉为"史家之绝唱，无韵之离骚"。

庄子，姓庄，名周，战国时期宋国蒙人。战国中期思想家、哲学家、文学家。他是继老子之后道家学派的代表人物，庄学的创立者，与老子并称"老庄"。因崇尚自由而不应楚威王之聘，仅担任过宋国地方的漆园吏，史称"漆园傲吏"，被誉为地方官吏之楷模。最早提出的"内圣外王"思想，对儒家影响深远。他洞悉易理，指出"《易》以道阴阳"，其"三籁"思想与《易经》三才之道相合。代表作品为《庄子》，其中名篇有《逍遥游》《齐物论》《养生主》等。

> **经典名言**
>
> 燕雀安知鸿鹄之志哉?
>
> ——《史记·陈涉世家》

第八课

班超投笔从戎

范 晔

班超①，字仲升，扶风平陵人，徐令彪之少子也。为人有大志，不修细节；然内孝谨，居家常执勤苦，不耻劳辱。有口辩，而涉猎书传。永平五年，兄固被召诣校书郎，超与母随至洛阳。家贫，常为官佣书以供养。久劳苦，尝辍业投笔叹曰："大丈夫无他志略，犹当效傅介子、张骞立功异域②，以取封侯，安能久事笔研③间乎！"左右皆笑之。超曰："小子安知壮士志哉？"

十六年，奉车骑都尉窦固④出击匈奴⑤，以超为假司马，将兵别击伊吾，战于蒲类海，多斩首虏而还。固以为能，遣与从事⑥郭恂俱使西域⑦。

超之始出，志捐躯命，冀立微功，以自陈效。会陈睦之变，道路隔绝，超以一身转侧绝域，晓譬诸国，因其兵众，每有攻战，辄为先登，身被金夷⑧不避死亡。

超在西域三十一岁⑨。十四年八月⑩至洛阳，拜为射声校尉。超素有胸胁疾，既至，病遂加。帝遣中黄门问疾，赐医药。其年九月卒，年七十一。

——节选自《后汉书·班超传》（有删减）

【内容注释】

① 班超：东汉班彪次子，班固弟，出使西域有功，封定远侯，故又称班定远。

② 傅介子：西汉昭帝时人，曾出使大宛，斩楼兰王。张骞：汉武帝时出使月支，后随卫青击匈奴，以功封博望侯，后又出使乌孙等国，对促进西域与中原地区的经济文化交流卓有贡献。

③ 研：同"砚"。

④ 窦固：东汉初外戚，窦融之从子，镇守西陲，明习边事，屡建功绩。

⑤ 匈奴：中国古代汉族对北边部落的总称，散居大漠南北，善骑射，性强悍，以游牧为生，常为汉族政权的边患。

⑥ 从事：官名，州郡以上长官之僚属。

⑦ 西域：汉时指玉门关以西、巴尔喀什湖以东及以南的广大地区。

⑧ 金夷：兵器之伤。夷，伤。

⑨ 岁：年之别称。

⑩ 十四年八月：指东汉和帝永元十四年（102）八月。

【资料链接】

《后汉书》由南朝宋史学家范晔所著。范晔（398—445），字蔚宗，顺阳郡（今河南淅川）人，东晋安北将军范汪曾孙、豫章太守范宁之孙、侍中范泰之子。范晔出身士族家庭，博览群书，才华横溢，史学成就突出，其所著《后汉书》博采众书，结构严谨，与《史记》《汉书》《三国志》并称"前四史"。

班超（32—102），字仲升，扶风郡平陵县（今陕西咸阳东北）人。东汉时期著名军事家、外交家。班超是著名史学家班彪的幼子，其长兄班固、妹妹班昭也是著名史学家。

班超为人有大志，不修细节，但内心孝敬恭谨，审察事理。他口齿辩给，博览群书，因不甘于为官府抄写文书，投笔从戎，跟随窦固出击匈奴，又奉命出使西域，在31年的时间里，收复了西域50多个部族，为西域回归、促进民族融合做出了巨大贡献。其官至西域都护，封定远侯，世称"班定远"。

现实拓展

马云的三次高考

一张棱角分明、消瘦奇特的脸庞，一派狂放不羁、特立独行的行事风格，一副两肋插刀、不计回报的古道热肠；以"光明顶"命名公司会议室，与金庸密切交往，聚集互联网英雄人物"西湖论剑"……马云的种种言行，颇似一位纵横商海江湖的大侠。

马云之所以让当今的无数草根创业者崇拜，一个很大的原因就是，他也曾跟我们一样，是一个普通得不能再普通的人，没有显赫的家庭背景，没有高大帅气的形象，没有优秀的学习成绩，没有聪明睿智的头脑。他的成功是靠不屈服于困境的精神，是一定要改变生存现状的决心。所以他高考屡战屡败、屡败屡战。试想如果马云在第二次高考失败后，听从了父母的劝告，没有参加第三次高考，而是去学习一门手艺，安安稳稳过他当临时工的生活，那么，还会有今天的马云，还会有今天的阿里巴巴吗？应该不会有的。

第一次高考，遭遇滑铁卢。尽管马云的英语在同龄人中分数较高，可他的数学实在太差了，只得了1分，全面败北。之后，他当过秘书，也做过搬运工，后来踩着三轮车帮人家送书。有一次，他给一家文化单位送书时捡到一本名为《人生》的小说，那是著名作家路遥的代表作。小说的主人公，农村知识青年高加林曲折的生活道路给马云带来了许多感悟。高加林是一个很有才华的人，他对理想有着执着的追求，但在追求理想的过程中，往往每向理想靠近一步，就会有一种阻力横在眼前，使他得不到真正施展才华的机会，甚至又不得不面对重新跌落到原点的局面。

从故事中，马云深刻体悟到人生的道路虽然很漫长，但关键处却往往只有几步。在人生的道路上，没有一个人的道路是笔直的、没有岔道的，这正印证了一句话："人生不如意事十有八九。"既然生活道路是如此的曲折、复杂，人们就应该坦然地去面对。于是，马云下定决心，要参加第二次高考。那年夏天，马云报了高考复读班，天天骑着自行车，两点一线，在家里和补习班间游走。

没想到第二次高考依然失利。这一次，马云的数学考了19分，总分离录取线差140分，而且这一次的成绩使得原本对马云上大学还抱有一丝希望的父母都觉得他不用再考了。

那时候，电视剧《排球女将》风靡全国，可谓家喻户晓。在那青涩纯洁的年代，小鹿纯子的笑容激励了整整一代人，当然也包括此时的马云，不仅仅是因为小鹿纯子甜美的笑容，更多的是她永不放弃的精神。这种精神对马云日后的影响十分深远，"永不放弃"也成了马云的一种精神象征。小鹿纯子的拼搏精神给了马云巨大的激励，他不顾家人的极力反对，毅然开始了第三次高考的复习准备。由于无法说服家人，马云只得白天上班，晚上念夜校。到了周日，马云为了激励自己好好学习，特地早起赶一个小时的路到浙江大学图书馆读书。

就在第三次高考的前三天，一直对马云的数学成绩失望的余老师对马云说了一句话："马云，你的数学一塌糊涂，如果你能考及格，我的'余'字倒着写。"

考数学的那天早上，马云一直在背10个基本的数学公式。考试时，马云就用这10个公式一个一个套。从考场出来，和同学对完答案，马云知道，自己肯定及格了。结果，那次数学考试，马云考了79分。历经千辛万苦，马云终于考上了大学。

而对马云而言，人生路上的三次高考，早已成为他生命旅程中最宝贵的精神财富。

——《档案记忆》，2017年第6期

思辨讨论

1. 在《志当存高远》选段一中，孔子及其弟子各述其志，志愿各有不同，境界也有高下。联系实际，谈谈你对三个人之"志"的理解。

2. 有人认为庄子不肯出仕拜相、建功立业，是他胸无大志的体现。对此，你怎么看？请结合实际，谈谈你的看法。

3. 班超出身书香门第，自小便是文人，投笔从戎，"转行"之后却做到了很多武将都做不到的事，建功立业，名留青史。你认为他成功的主要原因是什么？如果你是班超，你会从文，还是从戎？请发表你的看法，并且在班会课中进行发言。

4. 阅读以下材料，进行思考，并完成微写作。

生活中常常可以看见，在同样艰苦的条件下，有的人萎靡不振，有的人却能一奋骥足。因为志气在其中起着重要作用。一个有坚定信仰和志气的人，他认为人生的全部意义就在于为自己的志向做出不懈的努力。一些有志青年在别人叹气、泄气、游荡宴乐的时候，却收获着耕耘的硕果：上海青年潘德明用7年时间徒步环球旅行；炊事员曹家彬当上了空军学院的英语教师。通过刻苦自学而成为发明家、企业家、科学家的又何尝少啊！可谓："有志者，事竟成。"

艰苦的环境有利于磨炼一个人的品格，激励一个人的斗志，增强一个人的能力。立业靠志气，志气是事业的脊梁。所以，每个想为国做出贡献的人，必须有一个坚定的志向。

读了以上材料，你有何感想？作为中职生的我们，应树立起怎么样的志向？

责任担当   第三单元

单元导读

"天下兴亡，匹夫有责"，这个"责"字重于千斤，唯有大智大勇者才能担当得起。"志不求易，事不避难"，古往今来，多少仁人志士心系责任，行于担当。人生于世，不遇盘根错节，则不能辨别利器。时代中的牢骚满腹，并不足惧；时代中的责任担当，却最可贵。人生于世，负起一份责任，撑起一片天地，俯仰之间，无愧于时代重任，则是一种不负期望、不辱使命的博大情怀。

本单元所选的4篇课文中，不同身份的人物，有着同样的担当：《病起书怀》《满江红》，虽身处江湖之远，但仍心忧国事，以天下为己任，那是诗人的责任担当；《乐以天下，忧以天下》，治理天下，当以百姓福祉为己任，那是君王的责任担当；《弦高犒师》，面对国家危难，仗义疏财，巧言化解危机，挺身而出为国解忧，这是一介商人的责任担当；《诸葛亮罪己》，身居团队要职，运筹帷幄，决胜千里，失败面前，勇于承认自己所犯的错误，并承担责任，这是身在其位者的责任担当。

经典选文

> **经典名言**
>
> 天下兴亡,匹夫有责。
>
> ——顾炎武

第九课

病起书怀

陆 游

病骨支离纱帽宽①,孤臣万里客江干。
位卑未敢忘忧国,事定犹须待阖棺。
天地神灵扶庙社②,京华父老望和銮③。
出师一表通今古,夜半挑灯更细看④。

满江红

岳 飞

怒发冲冠⑤,凭栏处,潇潇⑥雨歇。抬望眼,仰天长啸,壮怀激烈。

三十功名尘与土，八千里路云和月。莫等闲、白了少年头，空悲切。靖康耻⑦，犹未雪；臣子恨，何时灭！驾长车踏破，贺兰山缺⑧。壮志饥餐胡虏肉，笑谈渴饮匈奴血⑨。待从头、收拾旧山河，朝天阙⑩。

【内容注释】

① 纱帽宽：意指人瘦了，或谓公事不忙。

② 庙社：宗庙和社稷，这里用来比以喻国家。

③ 和銮：同"和鸾"，古代车上的铃铛。挂在车前横木上称"和"，挂在轼首或车架上称"銮"。诗中代指"君主御驾亲征，收复祖国河山"的美好景象。

④ 看：读（kān）。

⑤ 怒发冲冠：愤怒得头发竖了起来，顶住了帽子。

⑥ 潇潇：骤急的雨势。

⑦ 靖康耻：指宋钦宗靖康二年京师和中原沦陷、二帝被掳的奇耻大辱。

⑧ 驾长车踏破，贺兰山缺：驾着战车向敌军进攻，连贺兰山也要踏为平地。缺，残缺。

⑨ 壮志饥餐胡虏肉，笑谈渴饮匈奴血：表示对敌人侵扰罪行的极度憎恨，要生吞敌人血肉。

⑩ 朝天阙：朝见皇帝。天阙，皇帝住的地方。

【资料链接】

陆游（1125—1210），字务观，号放翁。南宋文学家、史学家、爱国诗人。陆游生逢北宋灭亡之际，少年时即深受家庭爱国思想的熏陶。《病起书怀》作于宋孝宗淳熙三年（1176）

四月，陆游时年52岁，被免官后病了20多天，移居成都城西南的浣花村，病愈之后仍为国担忧，为了表现要效法诸葛亮北伐，统一中国的决心，挑灯夜读《出师表》，挥毫泼墨，写下此诗，"位卑"句成为后世许多忧国忧民之士用以自警自励的名言。

岳飞（1103—1142），字鹏举，相州汤阴（今河南汤阴）人。南宋初期抗金名将，因坚持抗敌，反对议和，为秦桧所陷害。《满江红》是一首以忠愤著称的"壮怀激烈"的好词，表现了作者对敌寇无比的痛恨、报仇雪耻的迫切心情及其收复中原失地的不可动摇的意志，完全符合人民的共同愿望。通篇风格粗犷，音词激越，一气呵成，是杰出的爱国主义名作。

> **经典名言**
>
> 先天下之忧而忧，后天下之乐而乐。
>
> ——范仲淹

第十课

乐以天下，忧以天下

孟 子

齐宣王见孟子于雪宫①。王曰："贤者亦有此乐乎？"

孟子对曰："有。人不得，则非②其上矣。不得而非其上者，非也；为民上而不与民同乐者，亦非也。乐民之乐者，民亦乐其乐；忧民之忧者，民亦忧其忧。乐以天下，忧以③天下，然而不王者，未之有也。

"昔者，齐景公问于晏子曰：'吾欲观于转附、朝儛④，遵海而南，放于琅邪，吾何修⑤而可以比于先王观也？'

"晏子对曰：'善哉问也！天子适⑥诸侯曰巡狩，巡狩者，巡所守也；诸侯朝于天子曰述职，述职者，述所职也。无非事者⑦。春省耕而补不足，秋省敛而助不给。夏谚曰："吾王不游，吾何以休？吾王不豫，吾何以助？一游一豫，为诸侯度。"今也不然，师行而粮食，饥者弗食，劳者弗息。睊睊胥谗，民乃作慝⑧。方命⑨虐民，饮食若流。流连荒亡，为诸侯忧。从流下而忘反⑩谓之流，从流上而忘反⑪谓之连，从兽无厌谓之荒，乐酒无厌谓之亡。先王无流连之乐，荒亡之行。惟君所行也⑫。'"

——节选自《孟子·梁惠王下》

【内容注释】

① 雪宫：齐宣王的离宫。

② 非：非议。

③ 以：有"把……当作"之意，作介词用。

④ 转附、朝儛（cháo wǔ）：均为山名。

⑤ 修：办法、方法。

⑥ 适：往。

⑦ 无非事者：天子诸侯离开国都是没有空行的，总是有事。

⑧ 睊睊（juàn）：因愤恨侧目而视的样子。胥：皆、都。谗：毁谤、说坏话。慝（tè）：邪恶，藏在心坎深处的念头。

⑨ 方命：放弃先王的教训。方，同"放"，放弃。

⑩ 反：同"返"。

⑪ 无厌：没有满足。

⑫ 惟君所行：看你走哪条道路。

【资料链接】

孟子，名轲，字子舆，邹国（今山东邹城）人。孟子本为"鲁国三桓"之后，远祖是鲁国贵族孟孙氏，后家道衰微，从鲁国迁居邹国。孟子3岁丧父，孟母艰辛地将他抚养成人，对他管束甚严，其"孟母三迁""孟母断织"等故事，成为千古美谈，是后世母教之典范。

《孟子》一书是孟子的言论汇编，由孟子及其再传弟子共同编写而成，记录了孟子的语言、政治观点和政治行动，属语录体散文集。孟子曾仿效孔子，带领门徒周游各国，但不被当时各国所接受，退隐与弟子一起著书。《孟子》有7篇传世，篇目为：《梁惠王》《公孙丑》《滕文公》《离娄》《万章》《告子》《尽心》，每篇又分为上下，共14卷。其学说出发点为性善论，提出"仁政""王道"，主张德治。

> **经典名言**
>
> 苟利国家生死矣,岂因祸福避趋之。
>
> ——林则徐

第十一课

弦高犒师

左丘明

三十三年春,秦师过周北门,左右免胄①而下,超②乘者三百乘。王孙满尚幼,观之,言于王曰:"秦师轻而无礼,必败。轻则寡谋,无礼则脱③。入险而脱,又不能谋,能无败乎?"

及滑,郑商人弦高将市④于周,遇之。以乘韦⑤先,牛十二犒师,曰:"寡君闻吾子将步师出于敝邑,敢犒从者,不腆⑥敝邑,为从者之淹⑦,居则具一日之积⑧,行则备一夕之卫。"且使遽告于郑。

郑穆公使视客馆,则束载、厉兵、秣马矣⑨。使皇武子辞焉,曰:"吾子淹久于敝邑,唯是脯资饩牵⑩竭矣。为吾子之将行也,郑之有原圃,犹秦之有具囿也。吾子取其麋鹿以闲敝邑,若何?"杞子奔齐,逢孙、扬孙奔宋。

孟明曰:"郑有备矣,不可冀也。攻之不克⑪,围之不继,吾其⑫还也。"灭滑而还。

——节选自《左传·僖公三十三年》

【内容注释】

① 胄：头盔。我们说的"甲胄"是两个词，前者指身上的护具，后者指头上的头盔。

② 超：本义是"跳跃"。古代文化中认为在尊者面前跳跃上车，是不合礼法的轻佻表现。王孙满据此判断秦军轻敌，军纪松弛。

③ 脱：这里指的就是"脱离军纪束缚"，简单地译为"军纪松弛"。

④ 市：可以表示"买"，如"愿为市鞍马，从此替爷征"；可以表示"卖"，如"人有市腹马者"，可以表示"做买卖"，如本文；也可以表示"市场市集"，如"东市买骏马"。

⑤ 乘：四马一车曰"乘"，这里用作数词，四张。韦：熟牛皮，做铠甲的主要原材料，如"韦编三绝"就是形容读书刻苦，以致把编穿书简的牛皮绳也弄断了多次。同时，"韦"构成的形声字，往往和牛皮的"坚韧"之义有些关联，如"伟""韧"。

⑥ 不腆：不丰厚。是一种谦逊的说法。

⑦ 淹：逗留。

⑧ 积：由"禾"字旁可知，"积"的本义跟粮食有关，也就是我们说的"积蓄"。这里指供应秦军士兵和战马的粮草。

⑨ 束载：捆束行李。厉兵：磨砺兵器。秣马：喂马。

⑩ 脯资饩(xì)牵：泛指食物。脯，干肉。资，粮食。饩，指已宰杀的牲畜。牵，指尚未宰杀的牲畜。

⑪ 克：古文字形中，这个字是一个人吹着喇叭，表示"凯旋"的意思。它的基本含义是"获胜"，如果宾语是人，则译为"打败"；如果宾语是城池，则译为"占领"。后来，也引申为"能够"，如"靡不有初鲜克有终"。

⑫ 其：这是文言文中一个非常重要的用法，表示一种强烈而消极的语气。本文表示的是遗憾无奈的语气，可译为"还是""只能"，也可以不译。

【资料链接】

　　《左传》原名为《左氏春秋》，汉代改称《春秋左氏传》，简称《左传》，是中国古代一部叙事完备的编年体史书，更是先秦散文著作的代表，它标志着我国叙事散文的成熟。汉朝时又名《春秋左氏》《左氏》，汉朝以后才多称《左传》。它与《公羊传》《谷梁传》合称"春秋三传"。旧时相传是春秋末年左丘明为解释孔子的《春秋》而作，后世对此多有争议。

　　《左传》记事起于鲁隐公元年（前722），迄于鲁哀公二十七年（前468），以《春秋》为本，通过记述春秋时期的具体史实来说明《春秋》的纲目，实际上就是为《春秋》所作的注解，是儒家重要经典之一。

> **经典名言**
>
> 横眉冷对千夫指,俯首甘为孺子牛。
>
> ——鲁迅

第十二课

诸葛亮罪己

陈 寿

三年春,亮率众南征,其秋悉平。军资所出,国以富饶,乃治戎讲武,以俟①大举。五年,率诸军北驻汉中。

六年春,扬声②由斜谷道取郿,使赵云、邓芝为疑军,据箕谷③,魏大将军曹真举众拒之。亮身率诸军攻祁山,戎陈整齐,赏罚肃而号令明,南安、天水、安定三郡叛魏应亮,关中响震。

魏明帝西镇长安,命张郃拒亮,亮使马谡督诸军在前,与郃战于街亭。谡违亮节度④,举动失宜,大为郃所破。亮拔西县千余家,还于汉中,戮谡以谢众。上疏曰:"臣以⑤弱才,叨窃⑥非据,亲秉旄钺⑦以厉三军,不能训章明法,临事而惧⑧,至有街亭违命之阙,箕谷不戒之失,咎皆在臣授任无方。臣明不知人,恤事多暗,《春秋》责帅⑨,臣职是当。请自贬三等,以督厥⑩咎。"于是以亮为右将军,行丞相事,所总统如前。

——节选自《三国志·蜀书·诸葛亮传》

【内容注释】

① 俟（sì）：等候。

② 扬声：故意对外宣扬。

③ 箕谷：地名。在今陕西太白附近的褒河谷中。

④ 节度：约束规定。

⑤ 以：凭借。

⑥ 叨窃：指不该得而得。

⑦ 旄钺（máo yuè）：即节钺。旄，旄节，即符节。

⑧ 临事而惧：接受任务便恐惧谨慎。

⑨ 责帅：追究主帅的责任。

⑩ 厥（jué）：其。

【资料链接】

《三国志》由西晋史学家陈寿所著，记载中国三国时期的曹魏、蜀汉、东吴纪传体国别史。《三国志》历来备受推崇，与《史记》《汉书》《后汉书》合称前四史，而前四史被公认为是二十四史中成就最高的四部史书。《三国志》是三国分立时期结束后文化重新整合的产物。此书完整地记叙了自汉末至晋初近百年间中国由分裂走向统一的历史全貌。

诸葛亮（181—234），字孔明，号卧龙，琅邪阳都（今山东省临沂市沂南县）人，三国时期蜀汉丞相，杰出的政治家、军事家、文学家、书法家、发明家。

早年随叔父诸葛玄到荆州，诸葛玄死后，诸葛亮就在襄阳隆中隐居。后刘备三顾茅庐请出诸葛亮，联合东吴孙权于赤壁之战大败曹军，形成三国鼎足之势，又夺占荆州。建安十六年（211），攻取益州，继又击败曹军，夺得汉中。蜀章武元年（221），刘备在成都建立蜀汉政权，诸葛亮被任命为丞相，主持朝政。蜀汉后主刘禅继位，诸葛亮被封为武乡侯，他领益州牧。他勤勉谨慎，大小政事必亲自处理，赏罚严明，与东吴联盟，

改善和西南各族的关系，实行屯田政策，加强战备。他曾前后五次北伐中原，多以粮尽无功而返。其散文代表作有《出师表》《诫子书》等。曾发明木牛流马、孔明灯等，并改造连弩，叫作诸葛连弩，可一弩十矢俱发。

蜀建兴十二年（234），诸葛亮终因积劳成疾，病逝于五丈原（今陕西宝鸡岐山境内），享年54岁。刘禅追封其为忠武侯，后世常以武侯尊称诸葛亮。东晋政权因其军事才能特追封他为武兴王。

诸葛亮一生"鞠躬尽瘁、死而后已"，是中国传统文化中忠臣与智者的代表人物。

现实拓展

《温暖的光》（节选）

一

从报名那一刻开始，佘沙就很忐忑，不知该如何跟父母说。

佘沙是四川省第四人民医院沙河院区内科的一名护士。武汉首先报告新冠肺炎疫情后，四川省第四人民医院第一时间派出5名医护人员随省队出征。由于第一批选派的是重症监护室和呼吸科的护士，佘沙没赶上，当她在工作群里看到医院第二批援鄂报名的通知后，便立即请战。

佘沙找到科室的赵永琴护士长，提出申请，她讲了3点理由：

第一，我年龄小，如果不幸被感染了，恢复肯定会比年长的护士快；

第二，我没有结婚，也没有谈恋爱，家庭负担小；

第三，身为汶川人，我得到过很多的社会帮助，如果我有机会去前线出一点力，我一定义无反顾地加入。

晚饭时，父亲听佘沙说要报名去武汉，怔怔地看着女儿，没有说话。母亲理解女儿的选择，转身把女儿的饭碗盛得更满实了些。

2020年2月2日，佘沙接到电话，通知她被选为四川省第三批援鄂医疗队队员，并将作为他们医院第二批唯一一名医务人员出征武汉。佘沙既感到高兴，又有一丝丝担忧，因为这是她第一次一个人出远门。

第一次，便是奔赴战场，自己能行吗？

四川航空3U8101航班划破长空，准时起飞。执飞的"英雄机长"刘传健在广播中向乘机的"逆行英雄"致敬。但佘沙的内心深处，其实早就铭刻着一群逆行英雄的身影，那一抹抹军绿，那一袭袭洁白。

2008年5月12日的经历，佘沙永远都不会忘记。

那一年她12岁，在汶川县漩口镇逸夫楼小学读五年级。那个下午，

他们在教学楼五楼上音乐课，老师的手指飞舞在电子琴上，突然，教室摇摆起来，琴声戛然而止。他们几十个孩子也随着教室的摇摆翻滚在地，哭声、叫喊声、轰隆声、垮塌声……各种声音交织着，伴随着漫天尘土。

佘沙家所在的漩口镇宇宫村离映秀镇车程只有十几分钟，那一带是震中位置，受灾最严重。学校其他几栋楼都垮塌了，只有上音乐课的那栋教学楼没有倒，佘沙得以幸存。

那个晚上，下了整夜的雨。幸存下来的家人聚在一起，临时搭个棚子，远远守着那个已经被夷为平地的"家"……有直升机在村庄的上空盘旋，螺旋桨呼呼地响，随同机器轰鸣声而来的还有食物和水，以及"活下去"的希望。

很快，救援队开进了他们的村庄，解放军来了，医生来了，志愿者来了。

再后来，灾后重建的队伍也来了，满目疮痍的漩口镇一天天恢复重建起来。

初中毕业那年，佘沙选择了学医，入读四川护理职业学院，因为废墟中那些白衣战士的身影深深地镌刻在她心里。

"感觉救死扶伤的他们很神圣。那时我就在想，如果能成为他们中的一员就好了。"佘沙说，在汶川地震之后，感觉自己突然就长大了。

二

佘沙是四川省第三批援鄂医疗队年龄最小的队员。这支队伍都是精兵强将，全队126人，其中医护人员有122人，18名医生、101名护士、3名技师，他们来自四川大学华西医院、四川大学华西第四医院等14家医院的呼吸与重症医学科、心内重症、综合ICU等科室，都是经验丰富的各个科室的业务尖子。

召之即来，来之能战，战之必胜。这支队伍的战场在武汉大学人民医院东院，而东院区3号楼5病区的8楼则是他们日夜奋战的前沿阵地。2月2日晚，刚到驻地的医疗队没有做过多的休整，便立即投入紧张的战前工作。他们接手的是重症病房，要和时间赛跑，与病魔抢生命。

2月11日，佘沙进入武汉大学人民医院东院的前沿阵地与队友并肩作战，协助负责总务和医院感染控制（院感）的工作。佘沙用"守门员"和"搬运工"两个词来形容她的两项主要工作。院感是"守门员"，为大家把好这道安全门，守好这一关；总务则是"搬运工"，清查和补充所在科室每天的医疗物资。工作时间是两班轮换，上午7点到下午1点，或者中午12点到下午6点。

在其他医护人员没有上班之前，院感护士需要先对整个环境进行消毒，所有医护人员用的电脑以及要接触到的地方都需要细心地擦拭消毒，每天两次，不留死角。医护人员的面屏和护目镜是重复使用的，要对这些反复使用的物品进行浸泡，再交给其他专业人员拿去消毒。医护人员的更衣室和脱防护服的地方也都贴了完整的操作流程，必须按照步骤一步一步来。她和同事们盯着每一位进入病区的医务人员穿防护服，发现不合规就要马上纠正，防止因防护不到位而发生感染。

"搬运工"则让佘沙吃了不少苦头。刚到医院那段时间，人手少，病人多，科室医疗物资消耗非常大，每天都要去各处物资领取点领东西。医护人员所需的防护服、手套、药品这些还算轻便，患者要用的医疗器械就不好搬运了，比如呼吸机，只能一台一台地往回挪。为数不多的推车，进了污染区之后就不能再出来，所以物资都是靠人工搬运，肩扛手提。那几天，佘沙的手累得都抬不起来。

到医院工作后，佘沙认识了最让她感激的人，因为这个人曾经救助过他们汶川的父老乡亲。这个人叫叶曼，现在是武汉大学人民医院东院肠胃外科护士长。

2008年，叶曼正是佘沙现在这个年纪，也是刚刚入职医院的新护士。看到汶川地震的消息后，她主动报名成为一名志愿者，坚守在一线，护理因汶川地震转运而来的受伤患者。"没想到我们以前帮助过的这群人，又回到了我们身边。"叶曼感慨缘分的奇妙。

新冠肺炎疫情发生以后，叶曼一直奋战在一线。尤其在疫情初期，患者激增，人手严重不够，后来四川医疗队来了，帮了大忙。

叶曼在朋友圈中写道：跟四川队共同抗疫两周，工作流程，岗位职责，大的问题都基本解决，每天共同对患者进行救治，原本以为只是这样的战友关系。但看到佘沙、邓小丽两位汶川感恩者的表现，突然觉得除了战友之外，还增加了惺惺相惜的缘分。

善良和感恩好比两个原点，佘沙从受助者成为援助者，而今天这些受助者又将去援助其他人，循环往复，善良和感恩终将相遇。

——《人民日报》，2020-04-15

思辨讨论

1. 在《乐以天下，忧以天下》中，孟子认为作为君王应具备哪些条件？

2. 僖公三十三年，秦军意欲偷袭郑国，形势危急，大战一触即发。郑国商人弦高，在滑地和秦军不期而遇，这位机警的爱国者灵机一动，凭着自己的一番言辞，大大折损了秦军偷袭的气焰。请找出文中的相应语句，并用自己的话回答弦高的话有几层深意、为什么能让秦军不战而退。

3. "失街亭"的主要责任人是谁？马谡？王平？诸葛亮？请结合《三国演义》中相关的情节，发表你的看法，并在班会课中进行发言。

4. 阅读以下材料，进行思考，并完成微写作。

在某中学读书的一名学生，总觉得自己屈才。自己成绩稍差，他就抱怨老师"水平太低"；参加市里的中学生作文比赛没获奖，他就抱怨比赛组织者"有眼无珠"；父母都是普通百姓，他就经常埋怨他们没能耐，不能为自己的未来创造优越的条件……

有一天，他的一位朋友倾听了他的叙说，沉默片刻，说："为什么我听到的全都是别人的错误和责任？一个人在自己的学习、工作、生活中，应该学会承担起自己的责任，让自己对自己负责啊。"

读了以上材料，你有何感想？如果你是他的朋友，你打算如何来劝说他勇于承担相应的责任呢？

第四单元 勤奋好学

单元导读

古之成大业者，必是勤学之人。只有"自小多才学，平生志气高"，才能体会"别人怀宝剑，我有笔如刀"的心境；只有书读为己，力学如耕，才能获得"朝为田舍郎，暮登天子堂"的转机；只有学而思之，才能领悟"问渠那得清如许，为有源头活水来"的感慨。学习是成就自己的第一步，也是贯穿人生的重要一步。勤苦向学，锲而不舍，若想卓有成效，不仅要端正学习态度，而且要讲究学习方法。

本单元所选的4篇课文中，《劝学》《冬夜读书示子聿》告诉我们，读书不仅要珍惜光阴，而且要注意方法，做到知行合一；《纪昌学射》告诉我们，学贵循序，要脚踏实地，从小处做起，才能学得实、学得硬；《王羲之学书》告诉我们，学贵勤勉，要勤奋认真，真正下一番苦功夫，才能学得好、学得透；《胡安定泰山投书》告诉我们，学贵有专，要专心致志，矢志不移，才能学得深、学得精。

经典选文

经典名言

书到用时方恨少,事非经过不知难。

——陆游

第十三课

劝 学①

颜真卿

三更灯火五更鸡②,
正是男儿读书时。
黑发不知勤学早,
白首方悔读书迟③。

冬夜读书示子聿④

陆 游

古人学问无遗力⑤,
少壮工夫老始成。
纸上得来终觉浅,
绝知此事要躬行⑥。

【内容注释】

① 劝学:劝勉学习的意思。

② 五更鸡:天快亮时,鸡啼叫。

③ 白首:头发白了,这里指年老。方:才。

④ 示:训示。子聿(yù):陆游的小儿子。

⑤ 无遗力:用尽全部力量。

⑥ 绝知：深入、透彻地理解。躬行：亲身实践。行，实践。

【资料链接】

颜真卿（709—784），字清臣，京兆万年（今陕西西安）人。颜师古五世从孙，杰出书法家，与欧阳询、柳公权、赵孟頫称为"楷书四大家"。开元二十二年（734）颜真卿中进士，唐代宗时封鲁郡公，人称"颜鲁公"。后被叛将李希烈杀害，谥号"文忠"。有《颜鲁公集》。

陆游，南宋诗人，一生所写诗近万首，以及大量的词和散文，其中诗的成就最高。他的诗，前期多为爱国诗，批评朝廷的投降主义，主张抗战杀敌，收复故土，统一中国，诗风慷慨激昂，雄浑豪放；后期多为田园诗，清新雅丽，平淡自然，有"小太白"之称。他创作诗歌很多，今存9 000多首，内容极为丰富。抒发政治抱负，反映人民疾苦，风格雄浑豪放；抒写日常生活，也多清新之作。词作量不如诗篇巨大，但和诗一样贯穿了"气吞残虏"的爱国主义精神。杨慎谓其词"纤丽处似秦观，雄慨处似苏轼"。著有《剑南诗稿》《渭南文集》《南唐书》《老学庵笔记》。

《冬夜读书示子聿》这首诗是陆游于庆元五年（1199）在山阴写给小儿子陆聿的，此时陆聿21岁，正值"少壮"。陆游在冬日寒冷的夜晚，沉醉于书房，乐此不疲地啃读诗书。窗外，北风呼啸，冷气逼人，他在静寂的夜里，抑制不住心头奔腾踊跃的情感，写下了这首哲理诗并满怀深情地送给了儿子子聿。

> **经典名言**
>
> 凡学之不勤，必其志之未笃也。
>
> ——列子

第十四课

纪昌学射

列御寇

纪昌者，又学射于飞卫。飞卫曰："尔先学不瞬①，而后可言射矣。"纪昌归，偃卧②其妻之机下，以目承牵挺③。二年之后，虽锥末倒眦④而不瞬也。以告飞卫。飞卫曰："未也，必学视⑤而后可。视小如大，视微如著⑥，而后告我。"昌以牦悬虱于牖⑦，南面而望之。旬日⑧之间，浸⑨大也；三年之后，如车轮焉。以睹余物，皆丘山也。乃以燕角之弧、朔蓬之簳射之⑩，贯虱之心，而悬⑪不绝。以告飞卫。飞卫高蹈拊膺⑫曰："汝得之矣！"

——节选自《列子·汤问》

【内容注释】

① 瞬：眨眼。

② 偃卧：仰面躺着。

③ 承：承受，这里指盯着。牵挺：织布机的一个联动部件，下连踏板，控制开合。

④ 末：尖。倒：刺。眦（zì）：眼眶。

⑤ 视：作名词，视力。

⑥ 著：明显。这里指明显的物体。

⑦ 牦（máo）：牛尾毛。牖（yǒu）：窗户。

⑧ 旬日：10天。

⑨ 浸：逐渐。

⑩ 燕角之弧：用燕国的牛角装饰的弓。朔蓬之簳（gǎn）：用楚国的蓬竹制成的箭杆。

⑪ 悬：作名词，指悬虱子的牛毛。

⑫ 高蹈拊（fǔ）膺（yīng）：高兴地跳起来，拍着胸脯。

【资料链接】

列子，名寇，又名御寇，战国时期郑国圃田（今河南郑州）人。道家著名的代表人物，著名的思想家、寓言家和文学家。那时，由于人们习惯在有学问的人的姓氏后面加一个"子"字，以表示尊敬，所以列御寇又称为"列子"。唐玄宗于天宝年间诏封列子为"冲虚真人"。列子一生安于贫寒，不求名利，不进官场，隐居郑国40年，潜心著述20篇，10万多字。现在流传有《列子》一书，其作品在汉代以后已有所散失，现存8篇《天瑞》《黄帝》《周穆王》《仲尼》《汤问》《力命》《杨朱》《说符》。其中《愚公移山》《杞人忧天》《两小儿辩日》《纪昌学射》等脍炙人口的寓言故事，可谓家喻户晓，广为流传。

> **经典名言**
>
> 业精于勤荒于嬉，行成于思毁于随。
>
> ——韩愈

第十五课

王羲之学书

张怀瓘

晋王羲之，字逸少，旷①子也。七岁善书，十二见前代《笔说》于其父枕中，窃而读之。父曰："尔何来窃吾所秘？"羲之笑而不答。母曰："尔看用笔法？"父见其小，恐不能秘之，语羲之曰："待尔成人，吾授也。"羲之拜请："今而用之。使待成人，恐蔽②儿之幼令③也。"父喜，遂与之。不盈期月④，书便大进。

卫夫人见，语太常王策曰："此儿必见用笔诀⑤。近见其书，便有老成之智。"流涕曰："此子必蔽吾名。"

晋帝时祭北郊，更祝版⑥，工人削之⑦，笔入木三分。

三十三书《兰亭序》，三十七书《黄庭经》。书讫，空中有语："卿书感我，而况人乎？吾是天台丈人也。"

——节选自《书断列传》卷二

【内容注释】

① 旷：王旷，王羲之之父。

② 蔽：蒙蔽、阻塞、掩盖。

③ 令：美、善。

④ 期月：一整月，满一月。

⑤ 笔诀：写字的秘诀。

⑥ 祝版：古代祭祀用的书写祝文的木版。

⑦ 工人削之：工人把原先写在祝版上的字刮去。

【资料链接】

张怀瓘，海陵（今江苏泰州）人，唐代书法家、书画理论家。开元年间，拜翰林供奉，迁右率府兵曹参军。善正、行、草书。著有《书议》《书断》《书估》《评书药石论》等，均为书学理论重要著作。亦著有《画断》。

王羲之（321—379），字逸少，琅邪临沂（今山东临沂）人，居住在会稽（今浙江绍兴）。士族出身，曾任江州刺史、会稽内史、右军将军等职，世称"王右军"。他是我国历史上最著名的书法家，行书尤其精妙，后世尊为"书圣"。那些被后人反复临摹的"帖"常常就是一则则风神飘逸、散淡自如的短文。他也长于诗文，所作清新隽永，多含哲理，书牍杂帖，也富有情致，但诗文为书法之名所掩。现存辑本有《王右军集》。

> **经典名言**
>
> 学则智，不学则愚；学则治，不学则乱。
>
> ——黄宗羲

第十六课

胡安定泰山投书

黄宗羲

胡瑗①，字翼之，泰州如皋人。七岁善属文，十三通《五经》，即以圣贤自期许。邻父见而异之，谓其父曰："此子乃伟器，非常儿也！"家贫，无以自给，往泰山，与孙明复、石守道②同学。攻苦食淡，终夜不寝，一坐十年不归。待家书，见上有"平安"二字，即投之涧中，不复展，恐扰心也。以经术教授吴中，范文正③爱而敬之，聘为苏州教授，诸子从学焉。

——节选自《宋元学案·安定学案》

【内容注释】

① 胡瑗：宋明理学的重要奠基人，洛学创始人之一程颐的老师。

② 孙明复、石守道：即孙复与石介，世称胡、孙、石为"宋初三先生"。

③ 范文正：即范仲淹，北宋著名贤相，主张兴学校、尊儒术、尚志操，对北宋儒学的恢复与士气的振作均起过重要作用。他任苏州知府时，曾聘胡瑗去苏州讲学。

【资料链接】

胡瑗(993—1059),字翼之,泰州如皋(今江苏如皋)人,北宋时期学者,理学先驱、思想家和教育家。生于淮南东路泰州如皋县宁海乡胡家庄,后迁居如城严家湾。因世居陕西路安定堡,世称安定先生。他提倡"以仁义礼乐为学",讲求"明体达用",开宋代理学之先声。他先后主持苏、湖两州州学,所创"经义""治事"两斋,为高等学校分系分科的开端。庆历二年(1042)至嘉祐元年(1056),胡瑗历任太子中舍、光禄寺丞、天章阁侍讲等,被视为一代宗师。其生平著有《尚书全解》《春秋要义》《周易口义》《皇祐新乐图记》等。

《宋元学案》是一部宋元学术思想史。它的编写历经坎坷,黄宗羲在编写完《明儒学案》后,就开始着手编写《宋元学案》,但仅完成17卷就去世。后来他的儿子黄百家继续编修,但也未完成就中途逝世。最后经全祖望编写而成,前后历时60余年。《宋元学案》共100卷,分87个学案,同时还有两个学略、两个党案,共记述了2 700多名宋元学者。全书在编写体例和方法上与《明儒学案》相比有所突破和创新,在每个"学案"前增设了"序表",将各学派的门人弟子罗列出来,同时也对各学派的学术渊源、宗旨、学风有所论述。全书在资料采集方面,严谨翔实,每处资料都注明其出处。另外,《宋元学案》在对宋元之际的各种学术思想进行评判时,融入的主观因素较少,持较公正的态度。故而,《宋元学案》是我们研究宋元时期学术思想的重要文献。

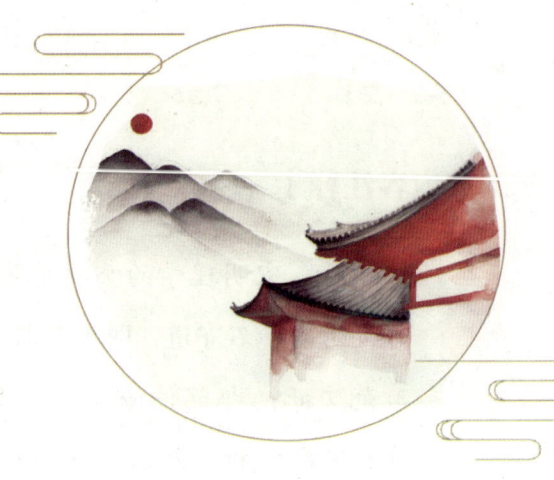

现实拓展

勤学多思实干 "工匠大咖" 赵钰民成才记

一名"85后"的年轻人，一个非大学毕业的技校生，凭借一股不服输的刻苦精神，"十年磨一剑"，终于成为一代"大咖"。这种经常见于电视剧的励志故事，如今就发生在你我身边。

赵钰民，1985年出生于大连瓦房店市，2006年9月毕业于大连职业技术学院，同年进入大连重工工作，从事大型数控机床操作。经过几年的努力和钻研，他完成了从一名学徒到大连重工华锐曲轴高精尖设备曲轴车床主机手的"华丽转身"，目前承担着诸多"中国第一"的曲轴制造工作。

初出茅庐到独当一面

行业内部的人都知道，大型低速半组合曲轴的零部件复杂，加工精度要求非常高。一根六缸的曲轴检测数据有635个，一根八缸曲轴的检测数据多达921个，多数曲轴长度超过10米，重量100余吨，如此庞然大物，加工精度却以微米计算，产品质量要求极高、加工操作难度大……

这些问题，犹如一只"拦路虎"，残酷地挡在了刚刚走出校门、理论知识一般、操作能力不强的赵钰民面前。但这只"拦路虎"并没有吓倒赵钰民。他利用每一次学习的机会，在工作之余坚持学习数控编程专业理论和曲轴生产制造工艺，在工作中虚心向他人请教学习。2010年5月，赵钰民"打虎"成功——凭借突出的工作业绩和严谨的工作态度，公司高层将其调至高精尖设备"德国曲轴整体加工机床"工作岗位，负责曲轴整体精加工工序，并参与了曲轴公司首支曲轴、首支90型曲轴、中国首支瓦锡兰82T型曲轴等高尖端项目。

勤思多试促提效降本

在曲拐立车岗位工作期间，针对曲拐加工时，总是间断性切削，刀具磨损较为严重，赵钰民向技术人员推荐调整刀具和加工参数，大大改善了刀具磨损状况，使过去每块刀片仅能加工 1 个平面变为现在能加工 2～3 个平面，仅此刀具一项按每天节约 1 块刀片，可节省费用 10 余万元。

随着曲轴产品品种和生产经营规模的扩大，迫切需要能掌握整套曲轴加工工艺的机床操作者。赵钰民就开始仔细研究本岗位的工作，千方百计挖掘机床内在功能，通过优化数控程序，合理选用刀具等有效措施，最大限度地提升曲轴车床的利用率。

在 6G80ME-C 的制造中，他发现按照以往的整体加工方法，精加工后主轴颈跳动总是超差，需要耗费大量时间修正。产品交付后，他做了详细的分析，提出了有效的修改建议，并在曲轴加工中得以应用。通过全程跟踪，修改方案得到验证并在生产制造中进行了推广。基于建议显著的提效效果，公司将其命名为"赵钰民支撑带加工法"，并列入公司"十佳五小"成果中。

以点带面变桃李芬芳

赵钰民从进入公司，靠着肯钻的劲头，数次获得大连重工的"优秀员工""十佳青年"等荣誉称号，被授予"2009 年大连市技术能手"荣誉称号，2012 年荣获"辽宁省技术能手"荣誉称号，2013 年荣获"第三届大连名师"荣誉称号，2014 年荣获"辽宁省技能大师"称号及"全国技术能手"称号。

随着公司的发展和产品型号全系列覆盖，赵钰民意识到，一个人强大不是真正的强大，一个群体强大才能真正增强公司的制造能力。所以，赵钰民要求自己的徒弟勤思多研。随着曲轴公司设备定员的创新理念的实施，他的徒弟全都定岗在主机岗位，均成为独当一面的设备操作骨干。

——《新商报》，2017-1-20

思辨讨论

1. 通过《纪昌学射》这篇文章的学习，我们知道，掌握任何一种本领，都必须练好基本功。你还知道哪些事例体现了这一观点，请用简练的语言概括。

2. 说说成语"入木三分"的含义，并思考还有哪些和勤学相关的成语。

3. 阅读完《纪昌学射》《胡安定泰山投书》《王羲之学书》这几篇文章后，我们感受到了古人勤学的精神，请用上书中的事例，写一篇"勤学"主题的演讲稿，并在课前进行展示。

4. 身处现代社会，由于社会分工、市场竞争，人们似乎都变得越来越专业化了，工作也变得越来越精细化了。在孔子的时代，学生要力求身通六艺。在当今社会，许多人都只是有一技之长，甚至只是精通一技之中的某个环节，所以现代人也被称为"社会大机器上的螺丝钉"。这样的人生，从谋生的角度来看，或许不得不如此；但从人生的完整来看，未免令人惋惜。

请以"学习中，博学和精学哪个更重要？"为题，在班内进行一场辩论赛。

第五单元 坚韧不拔

单元导读

"锲而舍之，朽木不折；锲而不舍，金石可镂。"世之成大事者，不一定有高人一等的天资禀赋、超乎常人的家世背景，却必有坚韧不拔、坚持到底的精神品质。长久的奋斗和坚持，可以征服世界上任何一座高峰。唯有耐得住寂寞，守得了清寒，经得住艰苦，方能尝到人生成功之甜。

本单元所选的4篇课文，主要围绕"坚韧不拔"这一精神主题。刘禹锡的《浪淘沙》，让我们看到了淘尽泥沙，最终显露黄金的无畏坚定；郑燮的《竹石》，让我们看到了千磨万击，依然不惧风雨的坚韧不屈；《愚公移山》让我们看到了脚踏实地，始终辛勤不辍的执着坚韧；《报任安书（节选）》让我们看到了备受摧残，依然不改初心的坚毅坚韧；《〈围炉夜话〉四则》让我们明白了恒久固守，始终坚定忍耐的生命意义。人生就是一条充满艰难险阻的河流，只有那些执着、坚韧的人才能到达成功的彼岸。

经典选文

经典名言

石可破也，而不可夺坚；丹可磨也，而不可夺赤。

——《吕氏春秋·诚廉》

第十七课

浪淘沙①

刘禹锡

莫道谗言如浪深，
莫道迁客②似沙沉。
千淘万漉虽辛苦，
吹尽狂沙始到金③。

竹 石④

郑燮

咬定⑤青山不放松，
立根原在破岩⑥中。
千磨万击⑦还坚劲⑧，
任尔东西南北风。

【内容注释】

①浪淘沙：唐代教坊曲名，也做词牌名。刘禹锡的《浪淘沙》是一组诗，共九首。本诗是原组诗的第八首。

②迁客：指被贬谪外调的官员。

③ 漉（lù）：过滤。千淘万漉虽辛苦，吹尽狂沙始到金：比喻清白正直的人虽然一时被小人陷害，历尽辛苦之后，他的价值终会被发现。

④ 竹石：扎根在石缝中的竹子。

⑤ 咬定：比喻根扎得结实，像咬着青山不松口一样。

⑥ 破岩：裂开的山岩，即岩石的缝隙。

⑦ 千磨万击：指无数的磨难和打击。

⑧ 坚劲：坚强有力。

【资料链接】

刘禹锡（772—842），字梦得，河南洛阳人，一作彭城人。曾任太子宾客，世称"刘宾客"，中唐时期文学家、哲学家。有《刘宾客集》30卷、《外集》10卷，存诗800余首。

《浪淘沙》这首诗的意思是说，不要说流言蜚语如同惊涛骇浪般深不可测，不可摆脱，也不要说被贬谪的人好像泥沙一样永远沉迷颓废。淘金要经过千万遍过滤，虽然历尽千辛万苦，但终能淘尽泥沙，得到闪闪发光的黄金。我们把作品与刘禹锡的政治生涯联系起来看，诗中的谗言明显是指那些诋毁永贞党人的谰言，以及对他百般挑剔的流言。诗的前两句，诗人已明明白白地表露了自己的坚强意志，接着又以沙里淘金这一具体事例，表达了历尽千辛万苦终归会经受住磨难显出英雄本色，为天下人认可。这种正义必胜的豪迈信念和坚韧不拔的坚定，是刘禹锡一贯思想品格的真实反映。

郑燮（1693—1765），清代官吏、书画家、文学家。"扬州八怪"之一，字克柔，号理庵，又号郑板桥，人称板桥先生。江苏兴化人，一生主要客居扬州，以卖画为生。其诗、书、画均旷世独立，世称"三绝"，

擅画兰、竹、石、松、菊等植物，其中画竹成就最为突出。他的主要作品有《新竹》《山中雪后》《墨竹图题诗》等，另著有《板桥全集》。

《竹石》是一首赞美岩竹的题画诗，也是一首咏物诗。诗歌着力表现了岩竹顽强而又执着的品质。开头用"咬定"二字，把岩竹拟人化，以传达出它的神韵和顽强的生命力；后两句进一步写岩竹的品格，它经受了无数次的磨难，却从不畏惧来自东西南北的狂风击打，坚韧不拔，不改傲然之姿。它是岩竹，也是高尚品行和顽强意志的象征，而风则往往是恶势力的代表。诗人用"千""万"两字写出了竹子坚韧无畏、从容自信的神态，我们感受到的是一种顽强不息的生命力，一种坚韧不拔的意志力。

> **经典名言**
>
> 古之立大事者,不唯有超世之才,亦必有坚忍不拔之志。
>
> ——《晁错论》

第十八课

愚公移山

列御寇

太行、王屋二山①,方七百里,高万仞,本在冀州②之南,河阳③之北。

北山愚公者,年且九十,面山而居。惩④山北之塞,出入之迂⑤也,聚室而谋⑥,曰:"吾与汝毕力平险⑦,指通豫南⑧,达于汉阴⑨,可乎?"杂然相许⑩。其妻献疑⑪曰:"以君之力,曾不能损魁父⑫之丘,如太行、王屋何?且焉置土石?"杂曰:"投诸渤海之尾⑬,隐土之北⑭。"遂率子孙荷担者三夫,叩石垦壤,箕畚运于渤海之尾。邻人京城氏之孀妻有遗男⑮,始龀⑯,跳往助之。寒暑易节,始一反焉⑰。

河曲智叟⑱笑而止之,曰:"甚矣汝之不惠⑲!以残年余力,曾不能毁山之一毛,其如土石何?"北山愚公长息曰:"汝心之固,固不可彻,曾不若孀妻弱子。虽我之死,有子存焉;子又生孙,孙又生子;子又有子,子又有孙;子子孙孙无穷匮也,而山不加增,何苦而不平?"河曲智叟亡以应。

操蛇之神[20]闻之，惧其不已也，告之于帝。帝感其诚，命夸娥氏[21]二子负二山，一厝朔东[22]，一厝雍[23]南。自此，冀之南、汉之阴，无陇断[24]焉。

——选自《列子·汤问》

【内容注释】

① 太行：即太行山，在今山西高原与河北平原之间。王屋：山名，在今山西境内。

② 冀州：古地名，九州之一，现河北、山西、河南的黄河以北和辽宁的辽河以西地区。

③ 河阳：古县名，在今河南孟州市西。山之南、水之北为"阳"。

④ 惩：戒，这里是"苦于"的意思。

⑤ 迂：曲折、绕远。

⑥ 聚室而谋：集合全家来商量。室，家。

⑦ 毕力平险：尽全力铲除险峻的大山。

⑧ 指通：直通。豫南：豫州南部，在今黄河以南的河南一带。

⑨ 汉阴：汉水南岸。山之北、水之南为"阴"。

⑩ 杂然相许：纷纷表示赞成。杂然，纷纷的样子。许，赞同。

⑪ 献疑：提出疑问。

⑫ 魁父：小山名。

⑬ 渤海之尾：渤海的边上。

⑭ 隐土：古代传说中的地名。

⑮ 孀妻：寡妇。遗男：遗腹子。

⑯ 龀（chèn）：儿童换牙齿，乳齿脱落后重新长恒齿。这里始龀表示年龄，在七八岁。

⑰ 始一反焉：才往返一次。反，通"返"，往返。焉，语气助词。

⑱ 智叟（sǒu）：虚构人物。叟，老人。

⑲ 惠：通"慧"，聪慧、明智。

⑳ 操蛇之神：传说中手中拿着蛇的山神。

㉑ 夸蛾氏：古代传说中的大力神。

㉒ 厝（cuò）：通"措"，放置。朔：朔方，在今山西北部、内蒙古一带。

㉓ 雍：就是雍州，在现今陕西、甘肃省一带地区。

㉔ 陇：通"垄"，土丘。断：阻断、阻隔。

【资料链接】

"愚公移山"的故事出自《列子·汤问》。它借愚公形象的塑造，表现了中国古代劳动人民有移山填海的坚定信心和顽强毅力，说明了"愚公不愚，智叟不智"，只要不怕困难，坚持斗争，定能获得事业上的成功，这对人们有很大的启发。

列子，名御寇，亦作"圄寇""圉寇"。战国前期道家代表人物。郑国圃田（今河南郑州）人，古帝王列山氏之后。约与郑繻公同时。先秦天下十豪之一，道学家、思想家、哲学家、文学家、教育家。列子是介于老子与庄子之间道家学派承前启后的重要传承人物，是老子和庄子之外的又一位道家学派代表人物。其学本于黄帝老子，主张清静无为，归同于老庄，被道家尊为前辈。列子创立了先秦哲学学派贵虚学派（列子学），对后世哲学、美学、文学、科技、养生、乐曲、宗教影响非常深远。

> **经典名言**
>
> 故天将降大任于斯人也，必先苦其心志，劳其筋骨，饿其体肤，空乏其身，行拂乱其所为，所以动心忍性，曾益其所不能。
>
> ——《孟子·告子下》

第十九课

报任安书（节选）

司马迁

夫人情莫不贪生恶死①，念父母，顾妻子②，至激于义理者不然③，乃有所不得已也。今仆不幸，早失父母，无兄弟之亲，独身孤立，少卿④视仆于妻子何如哉？且勇者不必死节⑤，怯夫慕义，何处不勉⑥焉！仆虽怯懦，欲苟活，亦颇识去就之分⑦矣，何至自沉溺缧绁⑧之辱哉！且夫臧获⑨婢妾，犹能引决⑩，况仆之不得已乎？所以隐忍苟活，幽⑪于粪土之中而不辞者，恨私心⑫有所不尽，鄙陋没世，而文采不表于后也⑬。

古者富贵而名摩灭⑭，不可胜记，唯倜傥非常之人称焉⑮。盖文王拘而演《周易》⑯；仲尼厄而作《春秋》⑰；屈原放逐，乃赋《离骚》⑱；左丘失明，厥有《国语》⑲；孙子膑脚，《兵法》修列⑳；不韦迁蜀，世传《吕览》㉑；韩非囚秦，《说难》《孤愤》㉒；《诗》三百篇㉓，大底圣贤发愤之所为作也㉔。此人皆意有所郁结，不得通其道㉕，故述往事、思来者㉖。

乃如左丘无目，孙子断足，终不可用，退而论书策㉗，以舒其愤，思垂空文以自见㉘。

——选自《汉书·司马迁传》

【内容注释】

① 人情：人的本性。恶：厌恶。

② 顾：顾念。妻子：妻子儿女。

③ 至激于义理者不然：被义理激愤的人不是这样。然，这样。

④ 少卿：任安，字少卿，西汉荥阳（今属河南）人，司马迁友人。

⑤ 且：况且。死节：死守名节，即为名节而死。

⑥ 勉：勉励。

⑦ 去就之分：进取、取舍的分寸。

⑧ 缧绁：捆绑犯人的绳子，借指监狱、囚禁。

⑨ 臧获：古代对女婢的贱称。

⑩ 引决：以自杀的方式自己裁决。

⑪ 幽：幽禁、囚禁。

⑫ 恨：遗憾。私心：我的心愿。

⑬ 文采：文章。表：表露。

⑭ 摩：通"磨"。

⑮ 非常：非同寻常。称：称道。

⑯ 盖文王拘而演《周易》：传说周文王被殷纣王拘禁在羑里时，把古代的八卦推演为六十四卦，成为《周易》的骨干。盖，句首语气词，表判断。拘，被拘禁。

⑰ 仲尼厄而作《春秋》：孔丘字仲尼，周游列国宣传儒道，在陈地和蔡地受到围攻和绝粮之苦，返回鲁国作《春秋》一书。厄，遭受困厄。

⑱ 屈原放逐，乃赋《离骚》：屈原，为楚怀王左徒，因为上官大夫向楚怀王进谗言而被疏远，心怀忧愤而作《离骚》。

⑲ 左丘：春秋时鲁国史官左丘明。厥：才。《国语》：史书，相传为

左丘明撰著。

⑳孙子：春秋战国时著名军事家孙膑。膑脚：孙膑曾与庞涓一起从鬼谷子习兵法。后庞涓为魏惠王将军，骗膑入魏，割去了他的髌骨（膝盖骨）。孙膑著有《孙膑兵法》。修列：著述、编著。

㉑不韦：吕不韦，战国末年卫国商人，后为秦国丞相。曾命门客著《吕氏春秋》（一名《吕览》）。秦始皇十一年（前236），令吕不韦举家迁蜀，吕不韦自杀。

㉒韩非：战国后期韩国公子，曾从荀卿学，入秦被李斯所谗，下狱死。著有《韩非子》，《说难》《孤愤》是其中的两篇。

㉓《诗》三百篇：今本《诗经》共有305篇，此举其成数。

㉔底：通"抵"，大都。发愤：抒发悲愤。

㉕通其道：行其道，即实行其理想。

㉖述：记述。思：使……思。

㉗论：写作、著书。

㉘垂：流传。见：显露。

【资料链接】

《报任安书》是司马迁任中书令时写给他的朋友任安的一封信。任安，字少卿，西汉荥阳人，年轻时比较贫困，后来做了大将军卫青的舍人，由于卫青的荐举，当了郎中，后迁为益州刺史。征和二年（前91）朝中发生巫蛊之乱，江充乘机诬陷戾太子（刘据），戾太子发兵诛杀江充等，后与丞相（刘屈氂）军大战于长安，当时任安担任北军使者护军（监理京城禁卫军北军的官），乱中接受戾太子要他发兵的命令，但任安按兵未动。戾太子事件平定后，汉武帝认为任安"坐观成败""怀诈，有不忠之心"，论罪腰斩。任安入狱后曾写信给司马迁，希望他"尽推贤进士之义"，搭救自己。直到任安入狱临刑前，司马迁才写了这封信回他。

司马迁在信中以激愤的心情、饱满的感情，叙述了自己因替李陵败降之事辩解而受宫刑所蒙受的耻辱，说明自己"隐忍苟活"的原因，表

达了"就极刑而无愠色"、坚持完成《史记》的决心。司马迁对生命与事业的崇高信念，是基于他对历史上杰出人物历经磨难而奋发有为的事迹的观察和认识；是基于他对古代学者历经苦难，献身著述的传统的继承和发扬。他发现，往昔"富贵而名摩灭"的人，"不可胜记"，只有"倜傥非常之人"，即对历史和文化做出贡献的人，才能不朽。所以，这封信是一篇研究《史记》和司马迁的生活、思想的重要文章，具有极其重要的史料价值。

> **经典名言**
>
> 少年辛苦终身事，莫向光阴惰寸功。
>
> ——杜荀鹤

第二十课

《围炉夜话》四则

王永彬

困穷之最难耐者能耐之，苦定回甘。

俭可养廉，觉茅舍竹篱①，自饶清趣②；静能生悟，即鸟啼花落，都是化机③。一生快活皆庸福④，万种艰辛出伟人。

川⑤学海而至海，故谋道者不可有止心⑥。

鲁如曾子⑦，于道独得其传，可知资性不足限人也；贫如颜子⑧，其乐不因以改，可知境遇不足困人也。

——节选自《围炉夜话》

【内容注释】

① 茅舍竹篱：指简陋的房舍田园。茅舍，用茅草搭成的房子。竹篱，用竹枝编织成的篱笆墙。

② 饶：富有。清趣：清雅的趣味。

③ 化机：造化的生机。

④ 庸福：平凡人的福气。

⑤川：河流、水道。

⑥谋道者：追求学问和道理的人。止心：停止的念头。

⑦鲁：愚拙、迟钝。曾子（前505—前453）：春秋鲁国人，名参，字子舆。孔子的弟子。他天资愚钝，却勤奋好学，颇得孔子真传，在儒家文化中居有承上启下的重要地位，被后世尊为"宗圣"。其事迹散见于《论语》及《史记·仲尼弟子列传》。

⑧颜子：即孔子的弟子颜回，他安贫乐道，深受孔子喜爱，也是后世教育人要安贫乐道的典型。

【资料链接】

《围炉夜话》是清代著名文学评论家王永彬所撰写的一部劝世之作，与明代洪应明的《菜根谭》、陈继儒的《小窗幽记》一起被后世并称为"处世三大奇书"。作为儒家通俗读物，书中对于当时以及以前的文坛掌故、人、事、文章等分段做评价议论，寓意深刻。

现实拓展

我生命中的两次重大失败

俞敏洪

一个人成长的过程，是一个不断在失败中寻找与把握机会的过程，没有失败就无所谓成功，没有遭遇过挫折和失败的人生是不丰富的人生，就像白开水，纯净却没有味道。一个人是否活得丰富，不能看他的年龄，而要看他生命的过程是否多彩，还要看他在体验生命的过程中能否把握住机会。

人生的机会通常是有伪装的，它们穿着可怕的外衣来到你的身边，大多数人会避之不及，但那些具备独特素质的人却能看到其本质并抓住它们。这些素质中最重要的就是有承受失败的能力和勇气。我在自己的生命历程中遭遇了很多次失败，但也正是这些失败及其背后隐藏的机会最后成就了我。于是，我懂得了一个道理，就是藏在失败背后的机会也许是最好的机会，这也使我进一步增加了坚强面对失败的勇气。从那时起，坦然面对挫折和失败便成了我的一种常态，在失败面前，我会不断激发自己的斗志，就像高尔基在《海燕》中所说的那样：让暴风雨（失败）来得更猛烈些吧！

下面我来讲述对我生命有转折意义的两次失败。

第一次是我的高考。我在一篇文章中讲过我高考的故事，那时并没有远大的志向，作为一个农民的孩子，离开农村到城市生活就是我的梦想，而高考在当时是离开农村的唯一出路。但是由于知识基础薄弱等原因，我第一次高考失败得很惨，英语才得了33分；第二年我又考了一次，英语得了55分，依然是名落孙山；我坚持考了第三年，最终考进了北大。这里我想说明的是两点：第一点是坚持的重要，因为无视失败的坚持是成功的基础；第二点就是能力和目标成正比，能力增加了，人生目标自然就提

高了。我一开始并没有想考北大，师范大专是我的最高目标，但高考分数上去了，自然就进了北大。这算是我第一次体会到失败与成功交织的滋味。

我的另一次刻骨铭心的失败是我的留学梦的破灭。20世纪80年代末，中国出现了留学热潮，我的很多同学和朋友都相继出国，我在家庭和社会的压力下也开始动心。1988年我托福考了高分，但就在我全力以赴为出国而奋斗时，动荡的1989年导致美国对中国紧缩留学政策。此后的两年，中国赴美留学人数大减，再加上我在北大学习成绩并不算优秀，赴美留学的梦想在努力了三年半后付诸东流，一起逝去的还有我所有的积蓄。为了谋生，我到北大外面去兼课教书，却因触犯北大的利益而被记过处分。为了挽救颜面我不得不离开北大，生命和前途似乎都到了暗无天日的地步。但正是这些折磨使我找到了新的机会。尽管留学失败，我却对出国考试和出国流程了如指掌；尽管没有面子在北大待下去，我反而因此对培训行业越来越熟悉。正是这些，帮助我抓住了个人生命中最大的一次机会：创办了北京新东方学校。

一个人可以从生命的磨难和失败中成长，正像腐朽的土壤中可以生长鲜活的植物。土壤也许腐朽，但它可以为植物提供营养；失败固然可惜，但它可以磨炼我们的智慧和勇气，进而创造更多的机会。只有当我们能够以平和的心态面对失败和考验，我们才能收获成功。而那些失败和挫折，都将成为生命中的无价之宝，值得我们在记忆深处永远收藏。

思辨讨论

1. 《浪淘沙》后两句用了什么表现手法来描写黄河？抒发了作者怎样的思想感情？《竹石》"咬定青山不放松，立根原在破岩中"，这两句诗中"咬""立"两个动词，运用得很好，请你结合课文谈谈好在哪里。

2. 请你谈谈愚公之"愚"，当今社会，我们是否有必要做个"愚人"？

3. 《报任安书（节选）》第二段作者列举的人物有什么共性，体现出作者怎样的精神和志向？你如何看待生活中的磨难？

4. 请选择《〈围炉夜话〉四则》的其中一则，结合现实事例谈谈你对这一警句的理解。

第六单元 严谨谦逊

单元导读

"满招损,谦受益""慎终如始,则无败事",世上凡是有真才实学者,凡是真正的伟人俊杰,无一不是虚怀若谷、严密谨慎的人。严谨和谦逊,是世间万物的生存之道,是治学之人的修身之道,是追梦之人的成功之道。我们每一个人,都应该保持严谨谦逊的做人风格,从而提升个人的层次和修养。

本单元所选的4篇课文,内容丰富多彩,既有经典诗文,又有古代故事,旨在让我们从不同角度理解"严谨谦逊"的内涵。贾岛的《题李凝幽居》中推敲的故事,让我们明白不管做任何事都要反复琢磨、保持谨慎;徐庭筠的《咏竹(节选)》,告诉我们做人既要有高贵的气节,也要有谦逊虚心的态度;《敏事慎言》中孔子的谆谆教诲,让我们体会到他严谨的为人与治学之风;《老父告诫孙叔敖》的故事提醒我们,一个人不论身处哪个位置,都应谦虚谨慎、察纳雅言,方能明是非、远离祸患;《尽小者大,慎微者著》的故事内容简短,却告诉我们只有在许多小的事情上努力,才能干出大事业。总而言之,我们应该明白,严谨谦逊是一种姿态、一种修养、一种智慧,更是一种胸襟!

经典选文

> **经典名言**
>
> 不傲才以骄人，不以宠而作威。
>
> ——诸葛亮

第二十一课

题李凝幽居	咏竹（节选）
贾 岛	徐庭筠

闲居少邻并①，草径入荒园②。
鸟宿池边③树，僧敲月下门。
过桥分野色④，移石动云根⑤。
暂去⑥还来此，幽期不负言⑦。

不论台阁⑧与山林，
爱尔岂惟⑨千亩阴。
未出土时先有节，
便凌云去也无心⑩。

【内容注释】

① 少（shǎo）：不多。邻并：邻居。

② 荒园：指李凝荒僻的居处。

③ 池边：亦作"池中"。

④ 分野色：山野景色被桥分开。

⑤ 云根：古人认为"云触石而生"，故称石为云根。这里指石根云气。

⑥去：离开。

⑦幽期：隐居的约定。幽，隐居。期，约定。负言：指食言，不履行诺言，失信的意思。

⑧台阁：亭台楼阁。

⑨岂惟：难道只是，何止。

⑩无心：指竹子中空，喻人的虚心。

【资料链接】

贾岛（779—843），唐代诗人。字浪仙。范阳（今河北涿州）人。早年出家为僧，号无本，自号"碣石山人"，后受教于韩愈，并还俗参加科举，但累举不第。唐文宗时受诽谤，被贬为长江（今四川蓬溪）主簿。开成五年（840）迁普州司仓参军。著有《长江集》10卷。

《题李凝幽居》中的"鸟宿池边树，僧敲月下门"，是历来传诵的名句。有一次，贾岛骑在驴上，忽然得句"鸟宿池边树，僧敲月下门"，初拟用"推"字，又思改为"敲"字，在驴背上引手作推敲之势，不觉一头撞到京兆尹韩愈的仪仗队，随即被人押至韩愈面前。贾岛便将作诗时正遇"推"与"敲"的难题一事从实说了，韩愈听后，不但没有责备他，反而立马思之良久，对贾岛说："我看还是用'敲'好，即使是在夜深人静，拜访友人，还敲门，代表你是一个有礼貌的人！而且一个'敲'字，使夜静更深之时，多了几分声响。再说，'敲'字读起来也响亮些。"贾岛听了连连点头称赞，于是把诗句定为"僧敲月下门"。从此他和韩愈成了朋友。这就是"推敲"典故的由来。

这两句诗，粗看有些费解，难道诗人连夜晚宿在池边树上的鸟都能看到吗？其实，这正见出诗人构思之巧，用心之苦。正由于月光皎洁，万籁俱寂，因此老僧（或许即指作者）一阵轻微的敲门声，就惊动了宿鸟，或是引起鸟儿一阵不安的躁动，或是鸟从窝中飞出转了个圈，又栖宿巢中了。作者抓住了这转瞬即逝的现象，来刻画环境之幽静，响中寓静，有出人意料之胜。

徐庭筠，北宋诗人，台州临海人，字季节。徐中行、徐庭筠父子并称"二徐"。徐中行年轻时，司马光曾赞誉他："斯人神清气和，可与进道，他日不为国器，必为儒宗。"后受学于北宋理学先驱、教育家胡安定的学生刘彝，学成后返回乡里，以学以致行并化育子弟为己责，并以"孝、悌、睦、姻、任、恤、忠、和"八行为世人所称道。

《咏竹（节选）》中所谓的"台阁""山林""岂唯千亩"，其实也是暗喻了人所处的地位、权势及得志与否，是身处庙堂之高，还是身处江湖之远。有修养有气节的人就会像竹子一样，无论身处何地，即便不为人知，也不会自甘庸俗，如竹子一般的"未出土时先有节"，坚持自身的节操，守住自己的底线。身处高位、志满意得，"干青云而直上"时，也虚怀若谷，无心于地位名禄。只有这样具有竹子一般品行操守的人生，才可能循德悟道，化龙鸣凤。

> **经典名言**
>
> 念高危，则思谦冲而自牧；惧满盈，则思江海下百川。
>
> ——魏徵

第二十二课

敏事慎言

子张①学干禄②。子曰："多闻阙疑③，慎言其余，则寡尤④；多见阙殆⑤，慎行其余，则寡悔。言寡尤，行寡悔，禄在其中矣。"

子曰："由⑥，诲女⑦，知⑧之乎！知之为知之，不知为不知，是知也。"

——节选自《论语·为政》

子曰："君子食无求饱，居无求安，敏于事而慎于言，就有道而正焉⑨，可谓好学也已。"

——节选自《论语·学而》

曾子曰："以能问于不能，以多问于寡；有若无，实若虚，犯而不校⑩。昔者吾友尝从事于斯矣。"

——节选自《论语·泰伯》

【内容注释】

① 子张：孔子的弟子，陈人，比孔子小48岁。

② 干禄：求取官职。

③ 阙疑：把疑难问题留着，不下判断。阙，通"缺"。

④ 尤：过失。

⑤ 阙殆：与"阙疑"对称，同义，故均译为"怀疑"。

⑥ 由：孔子的高足，姓仲，名由，字子路，卞（故城在今山东泗水县东五十里）人。

⑦ 女（rǔ）：通"汝"，你。

⑧ 知：作动词用，知道。

⑨ 有道：指有道德、有学问的人。正：匡正、端正。

⑩ 校（jiào）：计较。

【资料链接】

儒家学说是由孔子（前551—前479，名丘，字仲尼，春秋时期鲁国人）创立，是一种以尊卑等级的仁为核心的思想体系。儒家学说简称儒学，是中国影响最大的流派，也是中国古代的主流意识。儒家学派对中国、东亚乃至全世界都产生过深远的影响。

选段（一）讲述孔子教导学生要慎言慎行，言行不犯错误。他认为，无论是身居高位还是普通百姓，要说有把握的话，做有把握的事，这样可以减少失误，减少后悔，这不仅仅是一个为官的方法，也是每个人立身于社会的基本原则。选段（二）反映出了孔子实事求是的科学求知态度。他觉得，对待任何事情都应谦虚诚恳，知道的就说知道，不能不懂装懂、自欺欺人。选段（三）讲的是君子的日常言行的基本要求。孔子认为，作为一个君子，不应当过多地讲究自己的饮食与居处，他在工作方面应当勤劳敏捷，谨慎小心，而且能经常检讨自己，请有道德的人对自己的言行加以匡正。这是孔子对学生的教诲，也是孔子一生求学精神的真实写照。选段（四）告诉我们善于做学问的人，都应该虚怀若谷，犹如泰山不拒尘土而能成其高，大海不拒细流而能成其大。语曰："书到用时方恨少，事非经过不知难。"学无止境，艺无止境，站在众人肩上，才能自成高峰。

> **经典名言**
>
> 劳谦虚己，则附之者众；骄慢倨傲，则去之者多。
>
> ——葛洪

第二十三课

老父告诫孙叔敖

刘　向

孙叔敖为楚令尹①，一国②吏民皆来贺。有一老父衣粗衣，冠白冠，后来吊③。孙叔敖正衣冠而见之，谓老父曰："楚王不知臣之不肖④，使臣受吏民之垢⑤，人尽来贺，子独后来⑥吊，岂⑦有说乎？"父曰："有说。身已贵⑧而骄人者民去之；位已高而擅权⑨者君恶之；禄已厚而不知足者患处之⑩。"孙叔敖再拜曰："敬受命，愿闻余教。"父曰："位已高而意益下⑪，官益大而心益小⑫，禄已厚而慎不敢取。君谨守此三者，足以治楚矣！"

——选自《说苑·苑慎》

【内容注释】

① 令尹（yǐn）：楚国官名，相当于宰相。

② 国：指都城。

③ 吊：吊唁。

④ 不肖：不能干，没有贤德。

⑤ 受吏民之垢：意即担任宰相一事，这是一种谦虚的说法。

⑥ 后来：来得晚。

⑦ 岂：难道。

⑧ 贵：地位高。

⑨ 擅权：擅弄职权。

⑩ 患处之：祸患就隐伏在那里。

⑪ 意益下：越发将自己看得低。

⑫ 心益小：意思是处事越要小心谨慎。益，更。

【资料链接】

刘向（前77—前6），原名刘甦（sū），字子政，沛郡丰邑（今江苏徐州）人。汉朝宗室大臣、文学家，楚元王刘交五世孙，阳城侯刘德之子，经学家刘歆之父，中国目录学鼻祖。曾奉命领校秘书，所撰《别录》，是我国最早的图书分类目录。今存《新序》《说苑》《列女传》《战国策》《列仙传》《五经通义》。曾编订《楚辞》，与儿子刘歆共同编订《山海经》。所作散文主要是奏疏和校雠古书的"叙录"，较有名的有《谏营昌陵疏》和《战国策·叙录》，叙事简约，理论畅达、舒缓平易是其主要特色，作品收录于《刘子政集》。

孙叔敖（约前630—前593），名敖，字孙叔，春秋时期楚国期思（今河南固始）人，楚国名臣。在海子湖边被楚庄王举用，公元前601年，出任楚国令尹（楚相），辅佐楚庄王施教导民，宽刑缓政，发展经济，政绩赫然。主持兴修了芍陂（què bēi，别名为安丰塘，位于安徽寿县南），改善了农业生产条件，增强了国力。司马迁《史记·循吏列传》列其为第一人。

> **经典名言**
>
> 盛满易为灾，谦冲恒受福。
>
> ——张廷玉

第二十四课

尽小者大，慎微者著

司马光

臣闻众少成多，积小致巨，故圣人莫不以暗致明，以微致显；是以①尧发②于诸侯，舜兴③乎深山，非一日而显④也，盖有渐以致之矣。言出于己，不可塞也；行发于身，不可掩也；言行，治之大者，君子之所以动天地也。故尽小者大，慎微者著⑤；积善在身，犹长日⑥加益而人不知也；积恶在身，犹火销膏⑦而人不见也；此唐、虞之所以得令名⑧而桀、纣之可为悼惧⑨者也。

——选自《资治通鉴·汉纪九》

【内容注释】

① 是以：因此。

② 发：起步。

③ 兴：兴起。

④ 显：显赫。

⑤ 小，微：形容词作名词，小的事情。

⑥ 长日：冬至以后，日长一日，故曰长日。

⑦ 销膏：销蚀油膏。

⑧ 令名：指美好的声誉。

⑨ 悼惧：悲悼、恐惧。

【资料链接】

《资治通鉴》是中国一部编年体通史巨著，它以深邃的历史眼光，全面总结了历朝历代的政治智慧，记录了上起春秋战国，下至宋朝建立之前，总共1 362年历史发展的轨迹；展示了在这1 000多年的时间里，曾经出现的诸多王朝兴衰交替的沧桑历史，揭示了其中蕴含的历史发展的规律。

司马光(1019—1086)，字君实，号迂叟，北宋陕州夏县(今山西夏县)涑水乡人，生于河南省信阳市光山县，世称涑水先生。北宋史学家、文学家。历仕仁宗、英宗、神宗、哲宗四朝，卒赠太师、温国公，谥文正，主持编纂了中国历史上第一部编年体通史《资治通鉴》。为人温良谦恭、刚正不阿，其人格堪称儒学教化下的典范，历来受人景仰。其生平著作甚多，主要有史学巨著《资治通鉴》《温国文正司马公文集》《稽古录》《涑水记闻》《潜虚》等。

司马光有自己的政治主张，宋神宗熙宁年间，司马光强烈反对王安石变法，但他的政治主张没有被宋神宗采纳，上疏请求外任。熙宁四年（1071），他判西京御史台，力荐德才兼备太常寺卿黄中庸为侍中兼枢密副使，而自己毅然辞去了枢密副使的官职，自此居洛阳15年，不问政事，退而修史。在这段岁月中，司马光主持编撰了294卷300万字的编年体史书《资治通鉴》。

司马光在《进资治通鉴表》中说："臣今筋骨癯(qú)瘁，目视昏近，齿牙无几，神识衰耗，目前所谓，旋踵而忘。臣之精力，尽于此书。"司马光为此书付出毕生精力，成书不到2年，他便积劳而逝。《资治通鉴》从发凡起例至删削定稿，司马光都亲自动笔，不假他人之手。

"尽小者大，慎微者著"，意在告诉人们，凡事要从大处着眼、小处

着手，方能有所成就。它提醒我们每个人都要严于律己，防微杜渐，无论是立身处世，还是学习工作，注意细节、自我约束都是一门必修课。

现实拓展

影视台词当以工匠之心推敲

2017年8月8日，《人民日报》微信公众号的《荐读》栏目，推出一期题为《看到这些粗制滥造的台词，吓得我关上了电视……》的文章，列举了近年来出现在国产电视剧作中的雷人台词。这些台词，有的是语句内容与画面内容完全无法吻合，如，画面呈现的是绿色药水，人物却说是"无色无味"。有的是人物语言前后矛盾，前面刚刚说了"县太爷的女儿拿着刀闯了进来，一刀就把他给杀了"，后面却问"凶手呢？凶手找到了没有？"还有的则是台词当中乱用成语，如"林教头果然是沉鱼落雁之容"。至于穿越式的台词，更是不胜枚举。

众所周知，作品中的台词，不仅是便于受众了解剧情，更重要的是，它对刻画人物形象、推动情节发展乃至凸显作品的主题，都有着重要的作用。为什么时至今日，我们还能够将几十年前的那些经典台词挂在嘴边，如"高！实在是高！""有条件要上，没有条件创造条件也要上。""你们是先恋爱后结婚，我们是先结婚后恋爱"，等等？除了是因为当时的精神产品较为稀缺，让人印象格外深刻之外，更在于这些台词自身的魅力。它们不仅朗朗上口，而且与作品的情节衔接得天衣无缝，与人物的性格又是融为一体。与这些经典的台词相比，眼下这些把观众吓得赶紧关掉电视的台词，确实是远远地等而下之了。

台词都能够错到如此程度，整部作品的质量，也就可想而知了。因此，我们在打造影视精品的过程中，以工匠之心对待每一句台词，应该是一个行之有效的切入点。事实上，那些经典台词的出现，看似妙手偶得，实则也是编创人员心血的结晶。《沫若文集》第3卷《一字之师》中记载

了一个故事：婵娟斥责宋玉的那句台词原来写成"你是没有骨气的文人"，演出时，作者、演员和观众总觉得有点不够味。当时，饰钓者的张逸生正在旁边化妆，他插口说："'你是'不如改成'你这'。"果然，这一字之改，让相应的演员再次表演时血脉偾张，观众也是大受震撼。而电影《战狼2》中，也有许多台词让观众或是忍俊不禁，或是热血沸腾。我们完全可以说，对于《战狼2》的成功，那些台词是功不可没的。

这一切，也都在提醒所有的影视人员要以一颗匠心对待影视作品中的每一句台词。这就需要我们除了关注台词自身的准确，杜绝"林教头果然是沉鱼落雁之容"以及前后矛盾等这一类低级错误之外，更应该将台词置于整部作品的情节当中，细心斟酌，确保每一句台词都能够为情节的概括起到画龙点睛的作用，为整部作品起到锦上添花的作用。

这样的严格要求，不仅可以打造出一句又一句的经典台词，也能够锻炼所有相关人员对作品中每一个细节的高度关注。以匠心推敲台词，以匠心打磨细节，我们就能够勇攀影视创作的高峰。

——福建文明网，2017-08-09

在"慎微"中成就完美人生

古往今来，一点火星可引燃百顷森林，一处蚁穴可溃千里长堤。这是妇孺皆知的常识。"患生于所忽，祸发于细微""小者大之源，轻者重之端"，小与大，微与巨之间有着必然的联系。任何事物的演变，都有一个由小到大、从轻到重，起于"微"而止于"巨"的过程。

慎微，就是要注重小节、不贪小利，高度警惕小毛病、小陋习、小错误，切实做到防微杜渐。这是修身之要，是"入德之方"，是党员干部自我净化、自我完善、自我革新、自我提高的必修课。事实表明，凡勤廉之人，无不始于慎微，成于慎微。一个在小节小事、细微之处过不了关的人，就很难在大节大事上过得去、过得硬。

据史料载，唐德宗时期有一个宰相叫陆贽（zhì），严于律己，任何礼物一概拒绝。德宗皇帝对他说:"爱卿太过清廉了,像马鞭靴子之类偶尔收一点也没关系。"陆贽却回答说:"一旦开了这个口子必定胃口越来越大。收了鞭子靴子,就会开始收华服裘衣;收了华服裘衣,就会开始收钱;收了钱,就会开始收车马座驾、金玉珠宝。"陆贽如此细致地剖析,无疑蕴含着深刻的生活哲理,给我们当今的党员干部留下鲜明的警示和启示。

修身养德,择善而从。大千世界,物欲横流,面对各种诱惑,只有慎微之人,才能讲道德、守规矩、有品行,不被诱惑所左右、所迷惑、所腐蚀,才能使自己人生之船不偏离航线、不偏离航道,"小心驶得万年船"。也就是说,一个人懂得慎微,行为才会有所收敛,才会远离错误,远离失德,远离违法违纪与犯罪。否则,行为就会没有底线,就会忘乎所以,见财起意、遇色起心,导致生活上腐化、道德上堕落、法纪上失范,从而步入"贪如火,不遏则燎原;欲如水,不止则滔天"的悲惨境界。

正如《后汉书·陈忠传》中所说:"轻者重之端,小者大之源,故堤溃蚁孔,气泄针芒。是以明者慎微,智者识几。"懂得慎微的党员干部,不一定就是"完人",不一定有一个非常"完美"的人生,但不懂得慎微的党员干部,一定不能成为"完人",一定不会有"完美"的人生。因为不懂得慎微的党员干部,常常会让小毛病、小陋习、小错误毫无顾忌、毫无约束地"自由泛滥",最终就会因吃了不该吃的饭局,去了不该去的地方,拿了不该拿的红包,而毁掉完美的人生。这样的教训多、警示更多。

想想陆贽透彻的剖析,看看贪官落马的惨状,各级党员干部都要对慎微"高看一眼,厚爱一层",在私底下、无人处、独处时,千万不要有侥幸心理,不要以"一次不要紧"来开脱自己,不要以"一点小事无所谓"来放纵自己,要切记"勿以恶小而为之,勿以善小而不为",这是慎微的基本方法、长效"药方"。只有从思想上激活慎微的细胞,自架"高压线"、自设"防火墙"、自套"紧箍咒",不在推杯换盏中放松警惕,不在小恩小惠面前丢掉原则,不在轻歌曼舞中丧失人格,才能防微杜渐,守身如玉,保持道德和人格上的高洁,让慎微真正变成做人做事做官的自觉。

——人民网,2018-11-20(有删改)

思辨讨论

1. 以小组为单位，搜集现实生活中严谨、谦逊的正反事例，编成剧本，以课堂小短剧的形式表演。

2. 结合专业特色，开展以"严谨"和"谦逊"为主题的系列活动，如：手抄报比赛（工美专业）、电路安装大比拼（电子电工专业）。

3. 《生于忧患，死于安乐》一文中提及"孙叔敖举于海"：孙叔敖引流期思之水，将其用于浇灌雩娄良田，楚庄王以此看出孙叔敖治理国家的才能，便任命孙叔敖为楚国令尹。联系《老父告诫孙叔敖》，请你谈谈：要成为杰出人才，在工作生活中，既要警惕哪些危险，又要具有哪些品质？

4. 阅读以下材料，进行思考，并完成微写作。

学习完《敏事慎言》的内容后，某班正在开展课堂讨论：

A. 围绕选段（二）和（四），两位学生认为：

学生甲：我觉得做人做学问就应该首先有实事求是的态度，知识再丰富，也有不懂的地方，应该虚心请教他人。

学生乙：大智若愚，我觉得生活中有些人很聪明、很低调，他们装糊涂，难道就没有智慧了吗？

B. 围绕选段（一）和（三），两位学生认为：

学生丙：人活着不应该只知道追求物质方面的享受，还应该有一种对理想的追求精神，这样就不会计较私欲得失、蝇营狗苟，而会克制自己，做到"敏于事而慎于言"了。

学生丁：如果在当今社会，像孔子这样的精英阶层，都以穷为荣，以苦为乐，不注重物质消费，那么整个社会的经济发展就会受到抑制。所以我觉得时代在改变，物质和精神双丰收，才是个人发展的保障和目标。

读了以上材料，你有何感想？请选择A或者B中的讨论内容，谈谈你的看法。

仁义友善 第七单元

单元导读

古人云："人皆有所不忍，达之于其所忍，仁也；人皆有所不为，达之于其所为，义也。"仁义友善是一种为人处世的人生智慧，是个体完善自我的一种道德修养内核，更是中国传统道德的重要组成部分。这一根植在中华儿女心中的智慧和道德准则，不需我们高呼呐喊，时时体现在待人处事的细微之处。君子抱仁义行友善，唯有对这一道德的坚守，才能让我们树立正确的三观，从而实现人生价值。

本单元所选的4篇课文，诗文并举，为我们展现了不同身份、不同背景下的中华儿女对道德中"仁义友善"的坚守。《卫风·木瓜》让我们感受到朴质的劳动人民对于友善的推崇；《过零丁洋》让我们体会到身陷囹圄仍舍生取义的诗人的坚定决心；《孟子见梁惠王》让我们震撼于心怀天下敢与帝王据理力争的圣人的仁心；《管鲍仁善之交》让我们赞叹于不计得失、善待他人的贤相的仁善；《荀巨伯远看友人疾》《顾荣施炙》则让我们欣喜于在施仁义、行友善时，我们所坚守的道义将给予我们最好的回馈。

经典选文

> **经典名言**
>
> 投我以桃,报之以李。
>
> ——《诗经·大雅·抑》
>
> 粉身碎骨浑不怕,要留清白在人间。
>
> ——于谦

第二十五课

卫风①·木瓜

《诗经》

投②我以木瓜,报之以琼琚③。匪④报也,永以为好也!
投我以木桃,报之以琼瑶。匪报也,永以为好也!
投我以木李,报之以琼玖。匪报也,永以为好也!

过零丁洋⑤

文天祥

辛苦遭逢起一经⑥,干戈寥落四周星⑦。

山河破碎风飘絮⑧，身世浮沉雨打萍⑨。

惶恐滩⑩头说惶恐，零丁洋里叹零丁⑪。

人生自古谁无死？留取丹心照汗青⑫。

【内容注释】

① 卫风：《诗经》"十五国风"之一，今存10篇。

② 投：赠送。

③ 琼琚（jū）：美玉。本诗当中的琼瑶、琼玖（jiǔ）都是美玉的意思。

④ 匪：通"非"，不是。本诗下文中的"匪"同义。

⑤ 零丁洋：即"伶仃洋"，今广东省珠江口外。

⑥ 遭逢起一经：回想我由科举入仕历尽辛苦。遭逢，即遭遇。起一经，因为精通一种经书，通过科举考试被朝廷起用而做官。

⑦ 干戈寥落四周星：如今战火消歇已熬过了四个年头。干戈，指抗元战争。寥落，指荒凉冷落。四周星，指四年，即文天祥从1275年起兵抗元，到1278年被俘这四年。

⑧ 絮：柳絮。

⑨ 萍：浮萍。

⑩ 惶恐滩：在今江西省万安县，是赣江中的险滩。

⑪ 零丁：孤苦无依的样子。

⑫ 丹心：红心，比喻忠心。汗青：同汗竹、史册。古代用简写字，先用火烤干其中的水分，干后易写而且不受虫蛀。

【资料链接】

《诗经》是我国最早的一部诗歌总集，收集了西周初年至春秋中叶的诗歌，共311篇，6篇为笙诗（只有标题没有内容）。诗经在内容上分为《风》《雅》《颂》3个部分。《风》是周代各地的歌谣；《雅》是周人的正声雅乐，分《小雅》和《大雅》；《颂》是周王庭和贵族宗庙祭祀的乐歌，分为《周颂》《鲁颂》和《商颂》。《诗经》内容丰富，反映了劳动与爱情、战争与徭役、

压迫与反抗、风俗与婚姻、祭祖与宴会，甚至天象、地貌、动植物等方面的状况，是周代社会生活的一面镜子。《诗经》的作者佚名，绝大部分已经无法考证，传为尹吉甫采集、孔子编订。

文天祥（1236—1282），字宋瑞，一字履善，号文山，吉州庐陵（今江西吉安）人。宋恭帝德祐元年（1275），元兵东下，于赣州组义军，入卫临安（今浙江杭州）。次年除右丞相兼枢密使，出使元军议和被拘，后脱逃至温州，转战于赣、闽、岭等地，曾收复州县多处。宋末帝祥兴元年（1278），兵败被俘，誓死不屈，就义于大都（今北京）。他擅诗文，诗词多写其宁死不屈的决心。

> **经典名言**
>
> 求在我者，仁义礼智；求在外者，富贵利达。
>
> ——胡达源

第二十六课

孟子见梁惠王

孟　子

孟子见梁惠王①。王曰："叟②！不远千里而来，亦将有以利吾国乎？"

孟子对曰："王！何必曰利？亦③有仁义而已矣。王曰：'何以利吾国？'大夫曰：'何以利吾家？'士庶人④曰：'何以利吾身？'上下交征⑤利而国危矣。万乘⑥之国，弑⑦其君者，必千乘之家；千乘之国，弑其君者，必百乘之家。万取千焉，千取百焉，不为不多矣。苟⑧为后义而先利，不夺不餍⑨，未有仁而遗其亲者也，未有义而后其君者也。王亦曰仁义而已矣，何必曰利？"

——选自《孟子·梁惠王上》

【内容注释】

① 梁惠王：即魏惠王，惠是他的谥号，公元前370年即位，即位后9年由旧都安邑（今山西夏县北）迁都大梁（今河南开封西北），所以又叫梁惠王。

② 叟（sǒu）：老人。

③ 亦：在这句话中是"只"的意思。

④ 士庶人：士人和庶人。庶人在这里指老百姓。

⑤ 交征：互相争夺；征，取。

⑥ 乘（shèng）：古代用四匹马拉的一辆兵车叫一乘，诸侯国的大小以兵车的多少来衡量。下文中千乘、万乘、百乘同义。

⑦ 弑：下杀上，卑杀尊，臣杀君，都叫作弑。

⑧ 苟：如果。

⑨ 餍（yàn）：满足。

【资料链接】

孟子，他的思想集中反映在《孟子》一书中，主要体现在"民本""仁政"和"性善论"等方面。

"民本"思想是孟子思想的精华，是仁政学说的理论基础之一。他大大发展了春秋以来的民本思想，要求统治者"保民""与民同乐"，其中，最突出的是："民为贵，社稷次之，君为轻。"他推崇"得民心者得天下"。孟子认为君主应以爱护人民为先，要保障人民的权利。他强调国君不仅要爱护臣下，同时还要关注处于水深火热中的人民。

"仁政"是孟子政治思想的核心，是对孔子"仁学"思想的继承和发展，大部分内容源于民本思想。孟子的"仁"是一种含义极广的伦理道德观念，其最基本的精神就是"爱人"。"仁政"的基本精神就是对人民有深切的同情和爱心，主要体现在养民（保民）、教民两个方面。

"性善论"是孟子伦理思想和政治思想的根基。孟子认为人天性善良，人类有着共同的本性，那就是有别于动物的人的社会属性，性善就是人和动物的区别；且人的善性是先天固有的，并非后天形成的。他还认为"人皆有之"的善性，起初只是一种道德的萌芽，必须经过自我修养，才能发展成为完美的道德。

> **经典名言**
>
> 结交在相知，何必骨肉亲。
>
> ——《箜篌谣》

第二十七课

管鲍仁善之交

司马迁

管仲①夷吾者，颍上②人也。少时常与鲍叔牙③游，鲍叔知其贤。管仲贫困，常欺④鲍叔，鲍叔终善遇之，不以为言。已而鲍叔事齐公子小白，管仲事公子纠。及小白立为桓公，公子纠死，管仲囚焉。鲍叔遂进管仲。管仲既用，任政于齐。齐桓公以霸，九合诸侯⑤，一匡天下⑥，管仲之谋也。

管仲曰："吾始困时，尝与鲍叔贾，分财利多自与，鲍叔不以我为贪，知我贫也。吾尝为鲍叔谋事而更穷困，鲍叔不以我为愚，知时有利不利也。吾尝三仕三见逐⑦于君，鲍叔不以我为不肖，知我不遭时也。吾尝三战三走，鲍叔不以我为怯，知我有老母也。公子纠败，召忽死之，吾幽囚受辱，鲍叔不以我为无耻，知我不羞小节，而耻功名不显于天下也。生我者父母，知我者鲍子也。"

——节选自《史记·管晏列传》

【内容注释】

① 管仲：字夷吾，春秋齐国颍上（今安徽颍上县）人。春秋初期政治家，初事公子纠，后相齐桓公，辅佐齐桓公成为春秋时期的霸主，被尊为"仲父"。

② 颍上：颍水之滨。今安徽颍上县。

③ 鲍叔牙：春秋时齐国大夫，以知人著称，与管仲相知最深，后世常以"管鲍"比喻交谊深厚的朋友。

④ 欺：欺骗。指管鲍同在南阳经商，分财利时，管仲自己常多分。

⑤ 九合诸侯：多次盟会诸侯。

⑥ 一匡天下：平定战乱，使天下安定。匡，扶救。

⑦ 三仕三见逐：三次任职而三次被免职。

【资料链接】

管夷吾，字仲，又名管仲，谥敬，春秋时期法家代表人物，周穆王的后代。是中国古代著名的经济学家、哲学家、政治家、军事家、教育家、文学家、法学家、改革家、思想家、史学家、税收创始者等，被誉为法家先驱、圣人之师、华夏文明的保护者、华夏第一相。管夷吾的父亲管庄曾任齐国大夫，但其不幸早逝而家道中衰，管夷吾青年时曾经商、从军，又三次为小官，均被辞。

齐襄公时，管夷吾与挚友鲍叔牙同为齐国公室侍臣。周庄王十二年，在齐国内乱中，助公子纠同公子小白（齐桓公）争夺君位失败。虽一度为齐桓公所忌恨，终以经世之才，经鲍叔牙力荐，被桓公重用为卿，主持国政。向桓公提出修好近邻、先内后外、待时而动的治国求霸之策，但桓公未听其言，于次年轻率攻鲁，在长勺之战中被鲁军击败。战后，辅佐桓公励精图治，推行旨在富国强兵的改革，辅佐桓公北攻山戎，南征楚国，扶助王室，救邢存卫，主持会盟，终成首创霸业之功。因有殊勋于齐，被桓公尊为仲父。

> **经典名言**
>
> 君子抱仁义，不惧天地倾。
>
> ——王建

第二十八课

荀巨伯远看友人疾

刘义庆

荀巨伯①远②看友人疾，值③胡④贼攻郡。友人语⑤巨伯曰："吾今死矣，子可去⑥！"巨伯曰："远来相视，子令⑦吾去，败义以求生⑧，岂荀巨伯所行邪⑨？"

贼既至，谓巨伯曰："大军至，一郡⑩尽空；汝何男子，而敢独止？"巨伯曰："友人有疾，不忍委之，宁以我身代友人命。"贼相谓曰："我辈无义之人⑪，而入有义之国。"遂班军而还，一郡并获全⑫。

顾荣施炙

刘义庆

顾荣⑬在洛阳，尝⑭应人请⑮。觉行炙人有欲炙之色⑯，因⑰辍己⑱施⑲焉⑳。同坐嗤之。荣曰："岂有终日执之而不知其味者乎？"后遭乱渡江㉑，每经㉒危难，常有一人左右㉓己。问其所以㉔，乃受炙人也。

——节选自《世说新语·德行》

【内容注释】

① 荀（xún）巨伯：东汉颍州（今属河南）人，生平不详，汉桓帝时期的义士。

② 远：从远方。

③ 值：恰逢、赶上。

④ 胡：中国古代泛指居住在北部和西北部的少数民族，秦汉时一般指匈奴。

⑤ 语：名词用作动词，意为"对……说，告诉"。

⑥ 子可去：您可以离开这里。子，第二人称代词"您"的尊称。去，离开。

⑦ 令：使、让。

⑧ 败义以求生：败坏道义而苟且偷生。

⑨ 邪：句末语气词，表疑问，相当于"吗""呢"。

⑩ 郡：古代的行政区划，这里指城。

⑪ 无义之人：不懂道义的人。

⑫ 获全：得到保全。

⑬ 顾荣：字彦先，西晋末年吴郡吴县（今江苏苏州）人，是支持司马睿建立东晋的江南士族领袖，官至散骑常侍。

⑭ 尝：曾经。

⑮ 应人请：赴宴。

⑯ 觉行炙人有欲炙之色：发觉做烤肉的仆人显露出想吃烤肉的神情。觉，发觉；行炙人，做烤肉的人或端着烤肉的仆人；欲，想要。炙，烤肉。色，神色、脸色。

⑰ 因：连词，于是。

⑱ 辍己：自己不吃，让出。辍，通"掇"，停止、放下。

⑲ 施：给。

⑳ 焉：作兼词"于之"，给他。

㉑ 遭乱渡江：指晋朝被侵，社会动乱，大批人渡过长江南下避难。

㉒ 经：遭遇。

㉓ 左右：扶持、保护。

㉔ 所以：……的原因。

【资料链接】

刘义庆（403—444），字季伯，汉族，原籍彭城（今江苏徐州）人，世居京口，南朝宋宗室，文学家。宋武帝刘裕之侄，长沙景王刘道怜次子。自幼才华出众，聪明过人，爱好文学，在诸王中颇为出色，十分被看重。13岁时，受封为南郡公，后过继给叔父临川王刘道规，袭封临川王，深得宋武帝、宋文帝的信任，备受礼遇。历任左仆射、江州刺史。

《世说新语》又称《世说》《世说新书》，坊间基本上认为由南朝刘义庆所撰写，也有称是由刘义庆所组织的门客编写。其内容主要是记载东汉后期到魏晋间一些名士的言行与逸事。书中所载均属历史上实有的人物，但他们的言论或故事则有一部分出于传闻。全书依内容可分为"德行""言语""政事""文学""方正"等36类（现分上、中、下3卷），每类有若干则故事，全书共有1200多则，每则篇幅长短不一，有的数行，有的三言两语，由此可见笔记小说"随手而记"的诉求及特性。

现实拓展

君子抱仁义

——"感动中国"人物王宽

获奖词:"君子抱仁义"——重返舞台,放不下人间悲欢,再当爷娘,学的是前代圣贤。为救孤你古稀高龄去卖唱,为救孤你含辛茹苦16年。16年,哪一年不是360多天。台上你苍凉开腔;台下,你给人间做了榜样。

为抚养6名孤儿,10多年风雨无阻地去茶楼"卖唱",为帮助社会陌生人,省吃俭用捐款超百万元。"君子抱仁义,大爱无言",河南省艺术家王宽当选2016"感动中国"十大人物之一。

谦虚面对:只是做了些小事

75岁的王宽出生在周口淮阳县郑集乡一个贫苦农民家庭,1956年到西藏豫剧团参加工作,在雪原坚守26年,1982年调入郑州市豫剧团,是国家一级演员。

"做了这点小事,人民给咱这么大荣誉。"王宽心里很过意不去,"我是农民的儿子,一名老共产党员,一名老艺术家,跟别人一样,没有境界多高,谁遇到都会像我一样去做。"比起其他感动中国人物,他认为自己做的不算什么。

"回想这一路走来,辛辛苦苦、坦坦荡荡、幸幸福福,不后悔!"王宽用一句话概括了他们的善举。

抱守仁义:养孤茶楼卖艺

说起为何收养孤儿,王宽只有朴实的一句话:"我不管的话,他们怎么办。"

相继收养6个孤儿,夫妻俩每月3 000多元的退休金根本不够用,为了让孩子们吃饱穿暖，王宽一跺脚，决定去茶楼唱戏挣钱。

虽然王宽是著名豫剧表演家，戏路很宽，生旦净末丑都能拿下，但正统表演并不符合茶客们的胃口，与一众年轻演员相比，他的"点唱率"并不高，有时冷板凳一坐就是五六个小时。

有一次，王宽在茶楼苦等一整晚，却没有一桌客人点唱，已经放弃了一个艺术家坚守几十年的清高和尊严，还要面对如此尴尬和难以接受的场面，王宽的妻子王淑荣说："但凡回到家，王宽一声不吭，有时还背着家人落泪。"

为了让6个孩子吃饱，王宽已完全忘记辛苦。一次凌晨2点，他刚回到家躺下，茶楼经理打来电话说有人点他的戏，他立即披衣而起，骑车出门，只为赚那60元。

在10多年的漫长岁月里，为了多赚钱给孩子们更好的生活，这位年过花甲的老人风雨无阻，随叫随到。仁义，在任何时候没有动摇。

大爱无言：期盼爱心"传帮接代"

尽管孩子们都大了，但任务还没有完成，对于今后王宽有新的计划和想法。

王宽介绍说："社会公益事业，靠一家人、两家人不行，大家的力量才是最强大的。我打算邀请亲戚朋友做一些公益义演，赞助白血病、癌症患儿。农村是弱势群体，条件更艰苦，我们要把关注对象转移到农村。"

王宽的仁义爱心也感染着身边亲友。王宽的外孙王海涛，给渐冻人病友买了10台空调、2台轮椅，成立了渐冻人基金。

新的起点，王宽坚持，要把爱"传帮接代"。一如既往地不敢虚、不敢假、不作秀。

——人民网河南分网，
2016-02-18（有删改）

思辨讨论

1. 我国历史上，有许多为义英勇赴死的仁人志士，也不乏弃义求生的宵小之徒；当今社会里，有许多为国家、为人民大义抛头颅洒热血的勇士，也不缺为金钱而折腰的不义之徒。请结合这些对待生死的价值观，举例谈谈你对"人生自古谁无死，留取丹心照汗青"的理解，并说说你自己的价值观取向。

2. 为何最后荀巨伯和顾荣都能渡过难关？是运气使然还是有其他原因？他们两个人都体现了怎样的道德品质？请结合课文具体分析。

3. 在《孟子见梁惠王》中，孟子认为对于一国而言，利和义两者相比哪一样更重要？请找出文中阐述原因的句子，并用自己的话进行解释。

4. 请你根据下列情景，作为正方辩手，写一篇辩论稿。

某中学举办了一场关于"21世纪仁义友善是否已过时"的辩论会。正方认为无论什么时代，仁义和友善作为中国传统美德，都是我们为人处世的道德标准，都有其存在的意义且永不过时；反方认为21世纪是竞争的时代，仁义友善只是弱者的借口，每个人都应该把精力放在自己的目标上，仁义相对于竞争已经显得不那么重要了。

感恩孝悌   第八单元

单元导读

做人要懂感恩、知孝悌。"羊有跪乳之恩，鸦有反哺之义。"感恩，是做人之本，是灵魂上的健康。"夫孝者，百行之冠，众善之始也。"孝悌，是人伦之始。在"感恩孝悌"的浩瀚文海中，诗文妙语，层出不穷。或是对生命本身的思索，或是对人性的评判，或是对生活的感触，或是对哲学的思辨，或是灵性的随笔，都闪耀着智慧与魅力，引领着一代又一代中华儿女的行为方向，影响着每一位中华民族子孙。

本单元所选的4篇课文中，《邶风·凯风》是我国最早的想要感戴母恩无法实现而自责自怨的诗；《问孝》言简意赅又极有系统性地阐明了"孝"这一人性情感的道德准则和具体做法；《子路负米》则让我们可以感受到孝不分贵贱，上自天子，下至贩夫走卒，只要有孝心，都能曲承亲意；《陈情表》从自己幼年的不幸遭遇写起，抒发了自己与祖母相依为命的特殊感情，叙述了祖母抚育自己的大恩，以及自己应该报养祖母的大义。

经典选文

> **经典名言**
>
> 慈母手中线,游子身上衣。临行密密缝,意恐迟迟归。谁言寸草心,报得三春晖。
>
> ——孟郊

第二十九课

邶风·凯风

《诗经》

凯风①自南,吹彼棘②心。棘心夭夭③,母氏劬④劳。
凯风自南,吹彼棘薪。母氏圣善,我无令⑤人。
爰有寒泉,在浚⑥之下。有子七人,母氏劳苦。
睍睆⑦黄鸟,载好其音。有子七人,莫慰母心。

【内容注释】

① 凯风:催生万物的南风。

② 棘:酸枣树。

③ 夭夭:茁壮茂盛的样子。

④ 劬(qú):辛苦、勤劳。

⑤ 令：善、美好。

⑥ 浚：卫国的地名。

⑦ 睍睆（xiàn huǎn）：鸟儿婉转鸣叫的声音。

【资料链接】

"诗"或"诗三百"，是孔子对周代诗歌选集的称呼。西汉后期，士子重儒尊孔，《诗》才被称为《诗经》。

《诗经》得以结集，显然离不开对诗的搜集和整理。周代朝廷为了"观风俗，知得失，自考正"，设（命）有"采诗之官"，专门派人到民间求诗。同时，为了治政"行事而不惊"，又特"使公卿至于列士献诗"以讽。乐官将所得之诗在言词、乐调上进行加工、整理，经过好几代人的努力才有了诗歌选集《诗经》。

《诗经》分为风、雅、颂三大类。风诗是来自诸侯之邦的乐歌，有独特的地方色彩。雅诗是王朝的乐歌，它诞生在都城所在地。都城的雅声是全国的标准音，所以雅诗称为正声。颂诗是与乐、舞合一的宗庙祭祀用的乐歌。

风、雅、颂乐调有别，但它们都和当时的社会生活贴合得很紧。许多诗篇都属于"饥者歌其食，劳者歌其事"之作，因而写得真切、自然。虽然诗中不乏慷慨激昂之词，但多数诗抒情言志，显得含蓄蕴藉，具有所谓"温柔敦厚"的诗风。这种诗风和它常用的赋、比、兴手法以及四言句式，对后世诗歌的发展产生过深远的影响。

> **经典名言**
>
> 老吾老，以及人之老；幼吾幼，以及人之幼。
>
> ——孟子

第三十课

问 孝

孟懿子①问孝。子曰："无违②。"樊迟③御④，子告之曰："孟孙⑤问孝于我，我对曰'无违'。"樊迟曰："何谓也？"子曰："生，事之以礼；死，葬之以礼，祭之以礼。"

孟武伯⑥问孝。子曰："父母唯其⑦疾之忧。"

子游问孝。子曰："今之孝者，是谓能养，至于犬马，皆能有养；不敬，何以别⑧乎？"

子夏问孝。子曰："色⑨难。有事，弟子服其劳；有酒食，先生馔⑩。曾是以为孝乎？"

——节选自《论语·为政》

【内容注释】

① 孟懿子：鲁国的大夫，三家之一，姓仲孙，名何忌，"懿"是谥号。其父临终前要他向孔子学礼。

② 无违：不要违背。

③ 樊迟：姓樊，名须，字子迟。孔子的弟子，比孔子小46岁。他曾和冉求一起帮助季康子进行革新。

④ 御：驾驭马车。

⑤ 孟孙：指孟懿子。

⑥ 孟武伯：上文孟懿子的儿子，名彘（zhì），"武"是谥号。

⑦ 其：指孝子。

⑧ 别：区别。

⑨ 色：和颜悦色。

⑩ 馔：吃喝、享用。

【资料链接】

《论语》是记载孔子及其部分弟子言行的一部典籍。"论"指"论纂"（编纂），"语"指言论，"论语"即经过整理编辑的言论。其编辑者是孔子的弟子及再传弟子。

《论语》的组合形式是"篇"和"章"。所谓"章"，即一个个相互独立的段落；"篇"则是若干"章"的集合。章与章之间、篇与篇之间没有严密联系，只是大致以类相从。《论语》全书共20篇，每篇取第一章开头的词语命名。如第一篇第一章的开头是"子曰学而时习之"，本篇就名为"学而（篇）"；第二篇第一章的开头是"子曰为政以德"，本篇就名为"为政（篇）"；等等。

《论语》为口语记录，文字浅易，阅读时语言障碍相对较少，但其中文言句式较为丰富，且很多为流传至今的成语、熟语、格言，有的后来意义有所变化，读者应该对其予以注意。由于《论语》语言简略，前人说解往往见仁见智，读者阅读时可尝试做出自己的判断。

> **经典名言**
>
> 虽欲食藜藿，为亲负米，不可得也。
>
> ——《二十四孝》

第三十一课

子路负①米

刘　向

子路曰："负重道远者，不择地而休；家贫亲老者，不择禄而仕。昔者，由事二亲之时，常食藜藿②之实，而为亲负米百里之外。亲没③之后，南游于楚，从车百乘，积粟万钟，累茵④而坐，列⑤鼎而食。愿食藜藿为亲负米之时，不可复得也。枯鱼衔索，几何不蠹？二亲之寿，忽如过隙！草木欲长，霜露不使；贤者欲养，二亲不待！故曰：家贫亲老，不择禄而仕也。"

——节选自《说苑·建本》

【内容注释】

① 负：背。

② 藜藿（lí huò）：藜，多年生草本植物，有毒，可入药。藿，多年生草本植物。这里指粗劣的饭菜。

③ 没（mò）：死（亦作"殁"）。

④ 累茵（lěi yīn）：多层垫褥，后因以"累茵之悲"为悲念已故的父母。

⑤ 列：陈列。

【资料链接】

《说苑》又名《新苑》，是古代杂史小说集，西汉刘向编，成书于鸿嘉四年（前17）。该书原20卷，后仅存5卷，按各类记述春秋战国至汉代的遗闻逸事，每类之前列总说，事后加按语。其中以记述诸子言行为主，不少篇章中有关于治国安民、家国兴亡的哲理格言。主要体现了儒家的哲学思想、政治理想以及伦理观念。

仲由，字子路，孔子弟子。生性至孝，家境贫困，经常自己用野菜充饥，却从百里外背米回来供养父母。后来双亲死了，他在鲁国和楚国做了大官，生活享用虽然丰富美满，但他常常怀念父母在世时，自己吃野菜充饥而去百里外背米供养双亲的日子。

> **经典名言**
>
> 读《出师表》不下泪者，其人必不忠；读《陈情表》不下泪者，其人必不孝；读《祭十二郎文》不下泪者，其人必不友。
> ——苏轼

第三十二课

陈情表①

李 密

臣密言：臣以险衅②，夙③遭闵④凶。生孩六月，慈父见背⑤；行年四岁，舅夺母志。祖母刘悯⑥臣孤弱，躬亲抚养。臣少多疾病，九岁不行，零丁孤苦，至于⑦成立⑧。既无叔伯，终鲜⑨兄弟，门衰祚薄⑩，晚有儿息⑪。外无期⑫功⑬强近之亲，内无应门⑭五尺之僮⑮，茕茕⑯孑立，形影相吊⑰。而刘夙婴⑱疾病，常在床蓐⑲，臣侍汤药，未曾废⑳离。

逮㉑奉圣朝，沐浴清化㉒。前太守臣逵察臣孝廉㉓，后刺史臣荣举㉔臣秀才。臣以供养无主，辞不赴㉕命。诏书特下，拜㉖臣郎中㉗，寻㉘蒙国恩，除㉙臣洗马㉚。猥㉛以微贱，当㉜侍东宫，非臣陨首㉝所能上报。臣具以表闻，辞不就职。诏书切峻㉞，责臣逋慢㉟；郡县逼迫，催臣上道；州司临门，急于星火㊱。臣欲奉诏奔驰，则刘病日㊲笃㊳；欲苟㊴顺私情，则告诉不许：臣之进退，实为狼狈㊵。

伏惟㊶圣朝以孝治天下，凡在故老㊷，犹蒙㊸矜育㊹，况臣孤苦，特为尤甚。且臣少仕伪朝㊺，历职㊻郎署㊼，本图㊽宦达㊾，不矜㊿名节。今臣亡国贱俘，至微至陋，过蒙拔擢[51]，宠命[52]优渥[53]，岂敢盘桓[54]，有所希冀㊺。但以刘日薄西山㊻，气息奄奄，人命危浅㊼，朝不虑夕。臣无祖母，无以至今日；祖母无臣，无以终余年。母、孙二人，更相㊽为命，是以㊾区区㊿不能废远㉛。

臣密今年四十有四，祖母刘今年九十有六，是臣尽节于陛下之日长，报养刘之日短也。乌鸟私情㉜，愿乞终养㉝。臣之辛苦㉞，非独蜀之人士及二州牧伯所见明知，皇天后土，实所共鉴㉟。愿陛下矜悯㊱愚诚，听㊲臣微志，庶㊳刘侥幸，保卒余年㊴。臣生当陨首，死当结草㊵。臣不胜㊶犬马怖惧之情㊷，谨拜表以闻㊸。

——选自《文选》卷三七

【内容注释】

① "表"是一种文体，是古代奏章的一种，是臣下对君王指陈时事、直言规劝抑或使之改正错误的文体。

② 以：因。险衅（xiǎn xìn）：凶险祸患，这里指命运不好。险，艰难、祸患。衅，灾祸。

③ 夙：早时，这里指年幼的时候。

④ 闵：通"悯"，指可忧患的事（多指疾病死丧）。

⑤ 见背：背离我，离我而去。这是死的委婉说法，指弃我而死去。

⑥ 悯：怜悯。苏教版作"愍"。

⑦ 至于：直到。

⑧ 成立：成人自立。

⑨ 鲜：少，这里指"无"的意思。

⑩ 门衰祚薄：家门衰微，福分浅薄。祚（zuò），福分。

⑪ 儿息：同子息、生子。息，亲生子女。又如：息子（亲生儿子）；息女（亲生女儿）；息男（亲生儿子）。

⑫ 期：服丧1年。

⑬ 功：服丧9个月为大功，服丧5个月为小功。

⑭ 应门：照应门户。

⑮ 五尺之僮：五尺高的小孩。僮，童仆。

⑯ 茕茕：孤单的样子。

⑰ 吊：安慰。

⑱ 婴：缠绕，这里指疾病缠身。

⑲ 蓐：陈草复生。引申为草垫子、草席。

⑳ 废：废止，停止服侍。

㉑ 逮：及、到。

㉒ 沐浴清化：恭维之辞，指蒙受清明的政治教化。

㉓ 孝廉：汉代以来选拔人才的一种察举科目，即每年由地方官考察当地的人物，向朝廷推荐孝顺父母、品行廉洁的人出来做官。

㉔ 举：推举。

㉕ 赴：接受。

㉖ 拜：授予官职。

㉗ 郎中：尚书省的属官。

㉘ 寻：不久。

㉙ 除：拜官受职。

㉚ 洗（xiǎn）马：即太子洗马，太子的侍从官。

㉛ 猥：自谦之词，犹"鄙"。

㉜ 当：担任。

㉝ 陨首：头落地，指杀身。陨，落。

㉞ 切峻：急切而严厉。

㉟ 逋慢：有意回避，怠慢上命。逋，逃脱。慢，怠慢、轻慢。

㊱ 急于星火：比流星坠落还要急迫。于，比。星火，流星的光。这里形容催逼得十分紧迫。

㊲ 日：一天比一天。

㊳ 笃：病重、沉重。

㊴ 苟：姑且。

㊵ 狼狈：形容进退两难的情形。

㊶伏惟：俯状思量。古时下级对上级表示恭敬的词语，奏疏和书信里常用。

㊷故老：年老而德高的旧臣。

㊸蒙：受。

㊹矜育：怜惜养育。

㊺伪朝：蔑称，指被灭亡蜀朝。

㊻历职：连续任职。

㊼郎署：郎官的衙署。李密在蜀国曾任郎中和尚书郎。署，官署、衙门。

㊽图：希望。

㊾宦达：官职显达。宦，做官。达，显贵。

㊿不矜：不看重。矜，自夸。

(51)拔擢（zhuó）：提拔。

(52)宠命：恩命。

(53)优渥（wò）：优厚。

(54)盘桓：犹豫不决的样子，指拖延不就职。

(55)希冀：企图，这里指非分的愿望。

(56)日薄西山：太阳接近西山，喻人的寿命即将终了。薄，迫近。

(57)危浅：活不长，指生命垂危。危，微弱。浅，指不长。

(58)更（gēng）相：交互。

(59)是以：因此。

(60)区区：犹“拳拳”，形容自己的私情（古今异义）；另一说指“我”，自称的谦词。

(61)废远：废止远离。

(62)乌鸟私情：乌鸦反哺之情，比喻人的孝心。

(63)终养：养老至终。

(64)辛苦：辛酸苦楚。

(65)鉴：审察、识别。

(66) 矜悯：怜悯。

(67) 听：任，这里是准许、成全。

(68) 庶：庶几、或许。

(69) 保：安。卒：终。

(70) 结草：指报恩。

(71) 不胜：禁不住。胜（shēng），承受、承担。

(72) 犬马怖惧之情：这是臣子谦卑的话，用犬马自比。

(73) 闻：使动用法，使……知道。与上文“具以表闻”的“闻”用法相同。

【资料链接】

《陈情表》是三国两晋时期文学家李密写给晋武帝的奏章。文章从自己幼年的不幸遭遇写起，抒发了自己与祖母相依为命的特殊感情，叙述了祖母抚育自己的大恩，以及自己应该报养祖母的大义；除了感谢朝廷的知遇之恩以外，又倾诉自己不能从命的苦衷，辞意恳切，真情流露，语言简洁，委婉畅达。该文被认定为中国文学史上抒情文的代表作之一，有“读诸葛亮《出师表》不流泪不忠，读李密《陈情表》不流泪者不孝”的说法。相传晋武帝看了此表后很受感动，特赏赐奴婢二人给李密，并命郡县按时给其祖母供养。

李密，原是蜀汉后主刘禅的郎官（官职不详）。三国魏元帝（曹奂）景元四年（263），司马昭灭蜀，李密沦为亡国之臣。司马昭之子司马炎废魏元帝，史称“晋武帝”。泰始三年（267），朝廷采取怀柔政策，极力笼络蜀汉旧臣，征召李密为太子洗马。李密时年44岁，以晋朝“以孝治天下”为口实，以祖母供养无主为由，上《陈情表》以明志，要求暂缓赴任，上表恳辞。晋武帝为什么要这样重用李密呢？第一，当时东吴尚据江左，为了减少灭吴的阻力，收拢东吴民心，晋武帝对亡国之臣实行怀柔政策，以显示其宽厚之胸怀；第二，李密当时以孝闻名于世，据《晋书》本传记载，李密侍奉祖母刘氏“以孝谨闻，刘氏有疾，则涕泣侧息，未尝解衣，饮膳汤药，必先尝后进”。晋武帝承继汉代以来以孝治天下的策

略，实行孝道，以显示自己清正廉明，同时也用孝来维持君臣关系，维持社会的安定秩序。正因为如此，李密屡被征召。李密则向晋武帝上此表"辞不就职"。

现实拓展

回家，带着乡亲富起来

为全力推进脱贫攻坚，留下不走的扶贫工作队，重庆市武隆区选派200余名退役军人担任村社干部。他们凭借着韧劲和担当，带领当地群众脱贫致富，探索提升基层社会治理水平，使乡村发生了可喜的变化。

青瓦木墙，一幢幢古朴的苗家吊脚楼点缀山间。这里是重庆武隆区后坪乡文凤村。

"来，坐坐坐。"见记者来，代万禄搬出小板凳热情招呼。这个脸颊黝黑的汉子一身迷彩，腰板挺拔，说话干净利落。

退役多年后，代万禄经推选，成为文凤村党支部副书记、村委会主任。在他的带领下，农房修葺一新，民居改民宿，村子大变样。"没有代书记，哪来我们旅游网红村？"村民们不由感慨。

在武隆，这样的"迷彩服"还有很多。黄莺村党支书刘其发回村发展乡村旅游，带着乡亲们走上致富路；白石村党支书黄华杰成立人民调解室，"上访村"越来越和谐……

敢担当，不松劲儿。武隆区201名退役军人在社区书记、村支书、村主任等岗位上，坚守初心，发光发热。

凭着这股不服输的劲儿，越来越多的村民跟着他干

"过一条街就是网红民宿'星空房'""往东走，苗家歌坊从来少不了人……"文凤村村民罗元发边走边介绍，言谈之中尽是喜悦。旁人打趣道："老罗如今可尝着甜头了。"

几年前，这里的农家院坝破烂不堪，家畜养殖污水横流。"山沟里搞旅游？谁会来呀？"代万禄提出发展旅游产业的设想时，贫困户罗元发第一个站出来反对。

面对最"犟"的罗元发，代万禄坚持上门劝说，即使碰了一鼻子灰，也从不放弃。"有我在，你别怕麻烦。收拾干净了，在自己家里就能开农家乐。"抽粪的活儿又脏又累，代万禄一声不吭地帮着干了。

"曾经当过兵，遇到困难就不能放弃，更不能认输。"这是代万禄时常自勉的话。一次次劝说后，罗元发终于松了口。经过平整改造，罗家原来养殖家畜的地方变成了花圃、木屋、小馆子。如今，罗元发的脱贫申请书已经放在了村委会的桌上。"凭着这股不服输的劲儿，越来越多的村民跟着他干。"武隆区人民武装部政委马宏伟说。

2018年年底，武隆区人民武装部到各村社调研时，发现有40余名村社干部是退役军人。退役军人有韧劲，不服输，他们所在的村子也发展得不错。"为什么不号召更多的退役军人参与到基层建设当中呢？"

据武隆区人民武装部部长涂小奎介绍，去年年初，武隆区委组织部、区人武部、退役军人事务局联合下发了《关于在基层党组织建设中充分发挥退役军人作用的通知》。一年后，越来越多的退役军人参与到基层建设中。

一人富，不算富，得带着乡亲们一起富

"刘总，好多村民都记得你哦，要不要回村里发展？"黄莺乡党委书记任荣的一通电话，让刘其发动了心思。

"好好的建筑老板不当，回穷窝窝干啥？"亲戚都劝他。但身为退役军人，骨子里的那股冲劲儿告诉他："一人富，不算富，得带着乡亲们一起富。"

黄莺乡黄莺村山高坡陡，基础差、产业弱、村里矛盾多，是名副其实的"上访村"。怎么解决邻里乡亲的矛盾？如何培育优良乡风？靠什么加

强基层党组织的凝聚力?

同样的问题也困扰着脱下军装回到村里的吴华平和黄华杰。吴华平所在的火炉镇梦冲塘村是出了名的"难管":开会人到不齐,干事推诿扯皮。黄华杰刚上任时,村里要脱贫,村民们却大事小事都吵作一团。

身份倏然转变,难题接踵而至,三人也曾迷茫。好在武隆区人武部联合区委组织部、区民政局、信访办、扶贫办等部门及时开展培训,传授治理经验,使一些退役军人有了底气。

培训归来,刘其发挨家挨户走访,把群众反映的问题记在小本本上。没路,就修路;没产业,就发展产业。种梨、养蟹、搞乡村旅游,刘其发没少下功夫。村里人都知道,"只要是刘支书认准的事儿,没有干不成的!"

接到"烫手山芋"的吴华平也没有气馁,他不怕累,肯吃苦,来来回回跑到隔壁镇"取经"。渐渐地,村里多了"红黑榜",有了"人居环境评比"……梦冲塘村发生了翻天覆地的变化。

黄华杰办公桌上有一摞厚厚的笔记本,记录着他为增进村民团结付出的努力。在他和驻村第一书记的推动下,"让一让"人民调解室正式成立,至今已成功化解50多起矛盾纠纷。

服务群众,不能怕吃苦,更不能怕吃亏

2017年,退役军人黄朝林辞去国企"铁饭碗",回赵家乡香房村做起了村支书。"卖房!"回村数月后,他的一个决定,吓了家人一跳。

军民鱼水情,一直是黄朝林心中的情结。当看到村里7户人家破败不堪的房子时,他下定决心要帮一把。村民没钱翻修,黄朝林就把自家位于重庆主城区的房子卖了。"钱借给你们,不打借条,不付利息,而且还款无期限。"

黄朝林的想法很简单,致富路上,一个贫困群众都不能少。村里基础设施薄弱,他就积极争取项目资金,修路、修蓄水池。缺致富门路,他又

带领村集体搞"一社一品",养蜜蜂、养肉牛、种蔬菜。仅2年多时间,香房村特色产业就遍地开花,村民们感叹:"这日子跟蜜一样甜。"

黄朝林总说:"穿上迷彩服,身上就有劲儿!"和他一样,51岁的彭小兵也坚守在凤山街道红豆社区党总支书记这一岗位上。

红豆社区属于人口较密集的老旧居民区,很多居民楼没有物业管理。疫情防控期间,才做完结石手术的彭小兵忍着腰痛坚持摸排走访,早饭白馒头,午饭方便面,每天徒步行程不少于12公里;为了让危房居民顺利搬迁,没有电梯的小高层,彭小兵爬了200多次……

在部队培养的"看地图"本事,也被彭小兵应用到各项工作中。他自制"疫情防控作战图",各个卡点,人员配置,都在地图上标注得一清二楚。接下来,社区要进行老旧小区改造,彭小兵往墙上钉了第二张地图,这一次,他还是打算"挂图作战"。

"服务群众,不能怕吃苦,更不能怕吃亏。"彭小兵说,1985年,穿上军装、保家卫国,沙场摸爬滚打,他从不抱怨;2020年,离开军营30余载,在红豆社区服务群众,他依旧初心不改。

像彭小兵一样,身上的军装虽然已经脱了,但对于武隆201名退役军人村社干部来说,心里的军装一直都在。

——《人民日报》,2020-07-23

思辨讨论

1. 在《问孝》中，说弟子"服其劳""先生馔"容易做到，而"色难"，请问难在哪里？（请用自己的话回答）

2. 《古文观止》说："晋武览表，嘉其诚款，赐奴婢二人，使郡供祖母奉膳。"你认为原文段中的哪些词句感动了晋武帝司马炎之心？请从4个角度回答。

3. 关于《说苑》记述的遗闻逸事，你还知道哪些？对此，你持怎样的态度？请结合相关的情节，发表你的看法，并且在班会课中进行发言。

4. 阅读以下材料，进行思考，并完成微写作。

意大利有个女探险家独自穿越了塔克拉玛干沙漠。当她走出沙漠之后，她面对沙漠跪了下来，静默良久。有记者问她为何跪下时，她极为真诚地说："我不认为我征服了沙漠，我是在感谢塔克拉玛干允许我通过。"的确，人类的一切都是大自然所赐予的。对于这个世界，人类不可能有征服它的能力。相反，人类需要的是怀有一颗感恩的心，这样人类才有可能生生不息地传承下去。

关于感恩，读了以上材料，你是怎么理解的？

真诚守信　第九单元

单元导读

《说文·言部》:"诚,信也。从言,成声。""信,诚也。从人,从言。"由此可见,"诚"与"信"可以互训,一般而言,"诚"即诚实、诚恳,主要指人具备真诚的内在道德品质;"信"即信用、信任,主要指人内在真诚的外化。诚信的基本含义是以真诚之心,行信义之事。千百年来"诚信"被中华民族视为重要的行为规范和道德修养,形成了独具特色并具有丰富内涵的诚信价值观。

本单元所选的4篇课文,从不同角度阐释了诚信的丰富内涵。《卫风·氓》讲述了夫妻间的诚信关系,以女子的自述指责丈夫背信弃义,诉悲怨之情;《言而有信》阐述了孔子思想中诚信的地位和作用,立诚信之基;《诚于中,形于外》《自诚明》表明了诚信是内在修养与外在事功的关节点,明诚信之理;《韩信千金报恩》《陈太丘与友期》体现了韩信的一诺千金,友人的无信无礼,一正一反,显诚信之贵。

经典选文

> **经典名言**
>
> 死生契阔,与子成说。执子之手,与子偕老。
>
> ——《诗经·邶风》

第三十三课

卫风·氓

《诗经》

氓之蚩蚩,抱布贸丝①。匪来贸丝,来即我谋②。

送子涉淇,至于顿丘③。匪我愆期,子无良媒④。将子无怒,秋以为期⑤。

乘彼垝垣,以望复关⑥。不见复关,泣涕涟涟⑦。

既见复关,载笑载言⑧。尔卜尔筮,体无咎言⑨。以尔车来,以我贿迁⑩。

桑之未落,其叶沃若⑪。于嗟鸠兮,无食桑葚⑫!

于嗟女兮,无与士耽⑬!士之耽兮,犹可说也⑭。女之耽兮,不可说也⑮!

桑之落矣,其黄而陨⑯。自我徂尔,三岁食贫⑰。

淇水汤汤,渐车帷裳⑱。女也不爽,士贰其行⑲。士也罔极,二三其德[20]。

三岁为妇，靡室劳矣[21]。夙兴夜寐，靡有朝矣[22]。

言既遂矣，至于暴矣[23]。兄弟不知，咥其笑矣[24]。静言思之，躬自悼矣[25]。

及尔偕老，老使我怨[26]。淇则有岸，隰则有泮[27]。

总角之宴，言笑晏晏[28]。信誓旦旦，不思其反[29]。反是不思，亦已焉哉[30]！

【内容注释】

① 氓之蚩蚩，抱布贸丝：那个人老实忠厚，怀抱布匹来换丝。氓（méng），古代称百姓，这里指弃妇的丈夫。蚩蚩（chī），忠厚的样子。

② 匪来贸丝，来即我谋：并非真来买丝，而是找我商量婚事的。匪，通"非"。

③ 送子涉淇，至于顿丘：送你渡过淇水，直送到顿丘。子，你。上文"氓"，这里"子"，下文"士"，都指"那个人"。淇，淇水，在现在河南省境内。顿丘，在今河南省清丰县境内。

④ 匪我愆期，子无良媒：不是我故意拖延时间，而是你没有好媒人啊。愆（qiān），拖延。

⑤ 将子无怒，秋以为期：请你不要生气，把秋天定为婚期吧。将（qiāng），愿、请。

⑥ 乘彼垝垣，以望复关：登上那倒塌的墙，遥望那复关（来的人）。垝，毁坏、倒塌。复关，地名，氓所居住的地方。

⑦ 不见复关，泣涕涟涟：没看见复关，眼泪簌簌地掉下来。这里的"复关"指代住在复关的那个人。涕，泪。涟涟，泪流不断的样子。

⑧ 既见复关，载笑载言：终于看到了你，就又说又笑。载，则、就。

⑨ 尔卜尔筮，体无咎言：你用龟板、蓍（shī）草占卦，没有不吉利的预兆。尔，你。卜，用火灼龟甲，看龟甲上的裂纹来判断吉凶。筮，用蓍草的茎占卦。体，卜筮的卦象。咎，灾祸。

⑩ 以尔车来，以我贿迁：你用车来接我，我带上财物嫁给你。贿，财物。

129

⑪ 桑之未落，其叶沃若：桑树没有落叶的时候，它的叶子新鲜润泽。沃若，润泽柔嫩的样子。

⑫ 于嗟鸠兮，无食桑葚：唉，斑鸠呀，不要贪吃桑葚！于嗟（jiē），叹息。于，通"吁"。鸠，斑鸠。

⑬ 于嗟女兮，无与士耽：唉，姑娘呀，不要同男子沉溺于爱情。士，男子的通称。耽，沉溺。

⑭ 士之耽兮，犹可说也：男子沉溺在爱情里，还可脱身。说，通"脱"。

⑮ 女之耽兮，不可说也：姑娘沉溺在爱情里，就无法摆脱了。

⑯ 桑之落矣，其黄而陨：树落叶的时候，它的叶子枯黄，纷纷掉落了。陨，坠落、掉下。

⑰ 自我徂尔，三岁食贫：自从我嫁到你家，多年来忍受贫苦的生活。徂（cú），往、到。

⑱ 淇水汤汤，渐车帷裳：淇水波涛滚滚，水花打湿了车上的布幔。渐（jiān），溅湿、浸湿。帷裳（cháng），围在车两旁的布。帷，帐。裳，裙。

⑲ 女也不爽，士贰其行：女子没有什么差错，男子行为却前后不一致了。爽，差错、违背。贰，不专一、有二心，跟"壹"相对。行，行为。

⑳ 士也罔极，二三其德：男人的爱情没有定准，他的感情一变再变。罔，无。极，标准。二三，三心二意、不专一。德，这里指心意、情意。

㉑ 三岁为妇，靡室劳矣：多年来做你的妻子，家里的劳苦活儿没有不干的。靡，没有。室劳，家里的劳苦活儿。

㉒ 夙兴夜寐，靡有朝矣：早起晚睡，没有一天不是这样。夙（sù）兴，早起。夜寐，晚睡。朝，一朝（一日）。

㉓ 言既遂矣，至于暴矣：（你的心愿）已经满足了，就对我逐渐凶狠起来了。言，助词。遂，顺心、满足。暴，虐待。

㉔ 兄弟不知，咥其笑矣：我的兄弟不了解（我的处境），都讥笑我啊！咥（xì），讥笑的样子。

㉕ 静言思之，躬自悼矣：静下来想想，只能自己伤心。言，这里相当于"而"。躬，自身。悼，伤心。

㉖ 及尔偕老，老使我怨：（原想）同你白头到老，现在这种想法却使

我十分痛苦。及，同。老，指上句"及尔偕老"。

㉗ 淇则有岸，隰则有泮：淇水（再宽）总有个岸，低湿的洼地（再大）也有个边。意思是什么事物都有定的限制，反衬男子的变化无常。隰（xí），低湿的地方。泮，同"畔"，边岸。

㉘ 总角之宴，言笑晏晏：少年时一起愉快地玩耍，尽情地说笑。宴，欢聚，或指小孩子的游戏。晏晏，欢乐的样子。

㉙ 信誓旦旦，不思其反：誓言是真挚诚恳的，没想到你竟会变心。旦旦，诚恳的样子。反，反复、变心。

㉚ 反是不思，亦已焉哉：你违背誓言，不念旧情，那就算了吧！是，指誓言。已，止、了结。焉哉，相当于"了吧"。

【资料链接】

《卫风·氓》选自我国第一部诗歌总集《诗经》。这是一首弃妇自诉婚姻悲剧的长诗。全诗六章，每章十句。第一章，具体描写氓向女主人公求婚的过程；第二章，叙述自己陷入情网，冲破了媒妁之言的桎梏而与氓结婚；第三章，她对一群年轻貌美的天真少女，现身说法地规劝她们不要沉醉于爱情，并指出男女不平等的现象；第四章，对氓的负心表示怨恨，她指出，这不是女人的差错，而是氓的反复无常；第五章，用赋的手法叙述被弃前后的处境；第六章，叙述幼年彼此的友爱和今日的乖离，斥责氓的虚伪和失信，坚决表示和氓在感情上一刀两断。

《卫风·氓》这首诗歌从女性的视角，以无比沉痛的口吻，回忆了恋爱生活的甜蜜及婚后被丈夫虐待和遗弃的痛苦。诗歌通过弃妇的自述，指责丈夫背信弃义，深刻地反映了古代社会妇女在恋爱婚姻问题上因男子的失信而倍受压迫和摧残的情况。从男女主人公相识、相恋，到成婚，再到女主人公遭弃，女子的哀泣之声不绝于耳。

> **经典名言**
>
> 与朋友交，言而有信。
>
> ——《论语·学而》
>
> 人而无信，不知其可也。
>
> ——《论语·为政》

第三十四课

言而有信

子曰："道①千乘之国：敬事而信②，节用③而爱人，使民以时④。"

子曰："弟子入⑤则孝，出则弟⑥，谨而信⑦，泛爱众，而亲仁⑧，行有余力，则以学文。"

子夏曰："贤贤易色⑨；事父母，能竭其力；事君，能致其身⑩；与朋友交，言而有信。虽曰未学，吾必谓之学矣。"

——节选自《论语·学而》

子曰："人而无信，不知其可也⑪。大车无輗，小车无軏⑫，其何以行⑬之哉？"

——节选自《论语·为政》

【内容注释】

① 道：治理。

② 敬事：谨慎地处理。信：恪守信用。

③ 节用：节约财政开支。

④ 使民以时：役使百姓要按照农时，即在农闲时役使。

⑤入：在家里，下文"出"译为出门在外。

⑥弟：通"悌"，敬爱兄长。

⑦谨而信：言行要谨慎并且要诚实可信。

⑧亲仁：亲近仁德的人。

⑨贤贤易色：一个人能够看重贤德而不以容貌为重。贤贤，尊重有才德的贤人。第一个"贤"为动词，尊重的意思；第二个为名词，贤能的人。易，轻视。

⑩致其身：致，意为"献纳""尽力"。这是说把生命奉献给国君。

⑪不知其可也：不知道他还能做什么。

⑫大车无輗，小车无軏：大车和小车没有车辕与衡轭（è）相连的木销子。輗（ní）、軏（yuè），指车辕与衡轭联结处插上的销子。輗用于大车（牛车），軏用于小车（马车）。

⑬行：行驶。

【资料链接】

诚实守信是孔子教育弟子的主要内容之一，也是孔子推崇的仁者"恭、宽、信、敏、惠"五行之一。《论语》中对于诚信的观念涵盖多个层面，孔子认为，国家的执政者要勤于政事、恪守信用，这是治国安邦的基础。例如，"君使臣以礼，臣事君以忠"即君对所用臣子应充分信任，臣应从内心虔诚地尊敬君，君臣互诚互信才能相安，国家才能得到治理。

诚信也是家庭和睦的重要标志，只有以诚相待，才能父慈子孝、兄弟怡怡、夫妻互爱。例如，选文中提到的"贤贤易色"，我们如果从家庭的视角去解读，可理解为"对妻子，重品德，不重容貌"。这也就为男子择偶划定了一个标准，不重容貌重品德，对妻子不离不弃，就是信守婚姻承诺的表现。这与《卫风·氓》中女子因年长色衰而被抛弃形成了对比。

对于个人而言，要做到"言而有信"，诚信乃一个人的立身之本、处

世之基。例如,"与朋友交,言而有信"与"朋友信之"的作用是相互的,只有自己对朋友诚信,才能要求朋友以诚相待和信任自己,诚信是维系朋友之间关系的重要纽带。可见,诚信关乎国家安定、关乎家庭和睦、关乎友谊和谐。

> **经典名言**
>
> 诚者，天之道也。诚之者，人之道也。
>
> ——《中庸》

第三十五课

诚于中，形于外

曾 子

所谓诚其意者①，毋自欺也。如恶恶臭②，如好好色③，此之谓自谦④。故君子必慎其独⑤也。小人闲居⑥为不善，无所不至。见君子而后厌然⑦，掩⑧其不善而著⑨其善。人之视己，如见其肺肝然，则何益矣⑩。此谓诚于中，形于外⑪。故君子必慎独也。曾子曰："十目所视，十手所指，其严乎⑫！"富润屋，德润身⑬，心广体胖⑭，故君子必诚其意。

——节选自《大学》

自 诚 明

子 思

自诚明，谓之性；自明诚，谓之教⑮。诚则⑯明矣，明则诚矣。

诚者自成也，而道自道也⑰。诚者物之终始，不诚无物，是故君子诚之为贵。诚者非自成己而已也，所以成物也⑱。成己，仁也；成物，知⑲

也。性之德也，合外内之道也，故时措之宜也[20]。

——节选自《中庸》

【内容注释】

① 诚其意者：使意念真诚。诚，使……诚。者，句末语气助词。

② 如恶恶臭：如同厌恶污秽臭气一样（厌恶邪恶）。恶（wù），厌恶。恶（è），腐朽、污秽。臭（xiù），指所有的气味。

③ 如好好色：如同喜爱美丽的女子一样（追求善良）。好（hào），喜爱。好（hǎo）色，美好的姿色。

④ 自谦：感到心安理得。

⑤ 慎其独：独处时保持谨慎的态度。慎，谨慎。独，独处。

⑥ 闲居：独居、独处。

⑦ 厌（yǎn）然：躲闪的样子。厌，掩藏。

⑧ 揜（yǎn）：通"掩"，掩盖。

⑨ 著：显露、显出。

⑩ 则何益矣：掩盖有什么用呢？

⑪ 此谓诚于中，形于外：这就叫作内心的真实一定会表现到外表上来。中，内心。外，外表。

⑫ 十目所视，十手所指，其严乎：（一个人的所作所为）有很多人注视和监督着，这是多么令人畏惧的事情啊！十目、十手，意思是有很多人。其严乎，这难道不令人畏惧吗？

⑬ 富润屋，德润身：财富可以装饰房屋，品德却可以修养身心。润，润饰、美化。

⑭ 心广体胖（pán）：使心胸宽广而身体舒泰安康。

⑮ 自诚明，谓之性；自明诚，谓之教：由于自身具有诚而明达事理，这是秉性使然；由于明达事理而使内心具有诚，这是教化使然。自，从、由。诚，诚实、真诚。明，明白。

⑯ 则：即、就。

⑰诚者自成也，而道自道也：诚是通过自我修养完成的，道是由道自身彰显的。自成，自我完善。自道，自我彰显。

⑱诚者非自成己而已也，所以成物也：诚，不仅意味着自我完善，还要完善万事万物。成物，完善万物。

⑲知：通"智"，智慧。

⑳性之德也，合外内之道也，故时措之宜也：品性中的诚，是内外统一的，所以无论什么时候以诚处事都是适宜的。合，融合。

【资料链接】

《大学》是一篇论述儒家修身齐家治国平天下思想的散文，原是《小戴礼记》第42篇，相传为春秋战国时期曾子所作，实为秦汉时儒家作品，是一部中国古代讨论教育理论的重要著作；《中庸》是一篇论述儒家人性修养的散文，原是《礼记》第31篇，相传为子思所作，是儒家学说经典论著。经北宋程颢、程颐竭力尊崇，南宋朱熹又作《大学章句》和《中庸集注》。

选文中强调"慎独"，即品德高尚的人在一个人独处时也要注意自己的言行谨慎，要使自己的意念真诚。真诚是事物的发端和归宿，没有真诚就没有了事物，因此君子以真诚为贵。《中庸》提出的"五达道""三达德""慎独自修""至诚尽性"等内容，对为人处事、人性修养有着重要的影响。

> **经典名言**
>
> 得黄金百斤，不如得季布一诺。
>
> ——《史记·季布栾布列传》

第三十六课

韩信千金报恩

司马迁

信钓于城下，诸母漂①，有一母见信饥，饭信，竟②漂数十日。信喜，谓漂母曰："吾必有以重报母。"母怒曰："大丈夫不能自食，吾哀王孙而进食③，岂望报乎！"

汉五年正月，徙④齐王信为楚王，都下邳。信至国⑤，召所从食漂母，赐千金。

——节选自《史记·淮阴侯列传》

陈太丘与友期

刘义庆

陈太丘⑥与友期行⑦，期日中⑧。过中不至，太丘舍去⑨，去后乃至⑩。元方时年七岁，门外戏。客问元方："尊君在不⑪？"答曰："待君久不至，已去。"友人便怒曰："非人哉！与人期行，相委而去⑫。"元方曰：

"君与家君期日中。日中不至，则是无信；对子骂父，则是无礼。"友人惭，下车引⑬之。元方入门不顾⑭。

——选自《世说新语·方正》

【内容注释】

① 漂：在水里冲洗丝绵之类。

② 竟：到底、完毕。

③ 吾哀王孙而进食：我不过是可怜你这位公子才给你饭吃。王孙，公子、少年，对年轻人的敬称。

④ 徙：改封。

⑤ 国：都城，指下邳。

⑥ 陈太丘：陈寔（shí），字仲弓，东汉颍川许（今河南许昌）人，做过太丘县令。太丘，古地名。

⑦ 期行：相约同行。期，约定。

⑧ 期日中：约定的时间是正午。日中，正午时分。

⑨ 舍去：不再等候就走了。舍，舍弃、抛弃。去，离开。

⑩ 乃至：（友人）才到。乃，才。

⑪ 尊君在不：你父亲在吗？尊君，对别人父亲的一种尊称。不，通"否"。

⑫ 相委而去：丢下我走了。相，偏指一方对另一方的行为，代词，通"之"，我。委，丢下、舍弃。

⑬ 引：拉，要和元方握手。

⑭ 顾：回头看。

【资料链接】

韩信（约前231—前196），汉族，淮阴人，西汉开国功臣，中国历史上杰出的军事家，与萧何、张良并列为"汉初三杰"。韩信熟谙兵法，自言用兵"多多益善"，刘邦评价曰："战必胜，攻必取，吾不如韩信。"

韩信是中国军事思想"谋战"派代表人物，被后人奉为"兵仙""战神"。《史记·淮阴侯列传》记载了韩信一生的事迹，突出了他的军事才能和累累战功。韩信一生功高于世，却落了个夷灭宗族的下场，作者司马迁在本传记中注入了无限同情和感慨。

《世说新语》是我国最早的一部文言志人小说集，是魏晋南北朝时期"笔记小说"的代表作。坊间基本上认为由南朝刘义庆所撰写，也有称是由刘义庆所组织的门客编写而成，又名《世说》。其内容主要是记载东汉后期到魏晋间一些名士的言行与逸事。

现实拓展

信义兄弟——孙水林、孙东林

"言忠信，行笃敬，古老相传的信条，演绎出现代传奇。他们为尊严承诺，为良心奔波，大地上一场悲情接力。雪夜里的好兄弟，只剩下孤独一个。雪落无声，但情义打在地上铿锵有力。"这是《感动中国》节目组对孙水林、孙东林的颁奖词，下面我们来了解一下信义兄弟接力还薪的感人故事。

2010年3月2日，正月十七，清晨5时许，天空灰蒙阴冷、黯淡无光，仿佛是淤积了太多的阴霾。在这个清冷的早晨，武汉市黄陂区李集街泡桐社区却已是人潮涌动。人们手持鲜花，神情凝重，这是一场自发性的哀悼，为的是送"信义老板"孙水林一家最后一程。

路人："我也跟他干一样的行业，他这个不差农民工的钱，我是很敬佩的，我今天专程来向他表示敬意、送他一程。"

孙水林和孙东林兄弟俩是湖北人，20年来兄弟两人一直从事建筑工程行业，按照往年的习惯，春节前，也就是年三十之前，在孙氏兄弟手下干活的农民工兄弟都会到武汉的孙水林家中领一年的工钱，从1989年在外承包工程开始，无论遇到多大的困难，20多年来他们俩从没违背过这个不成文的约定。

农民工："最迟不超过腊月二十九，腊月二十九一般来算完账都还在他家吃顿饭，喝场酒，吃完高高兴兴回家。"

2010年的2月9日，那天正是腊月二十六，孙水林因为在北京催的款太少，就去天津找弟弟孙东林借钱，好给农民工发工资。孙水林不顾弟弟的劝阻，当天就带着26万元现金又匆匆走上返乡的行程。

孙东林："他说得赶紧回家，我说不是说好了嘛，明天早上5点钟走嘛，他说不行，那明天大雪封路就回不了家了。到时候大年三十的，差工

人的钱不合适。"

没想到兄弟二人这一别竟然成为永别，由于高速公路路面结冰，在河南境内的高速路上发生了重大车祸，20多辆车连环追尾。除了身在武汉上学的二女儿孙云，孙水林夫妇和三个孩子在车祸中全部遇难。

孙东林："把太平间的门一打开，我就一看，看到5个都是我的一家亲人。当时我到了太平间的外面，外面这么深的雪，我就倒在地下，几分钟都没缓过气来。"

孙东林："看见这我就伤心。"

看着哥哥一家人遭遇了如此劫难，孙东林悲从心生。当他从悲痛中稍稍缓过来之后，他想起哥哥匆忙赶路的初衷，想起在家里等待领工资的农民工兄弟们，而此时已经是腊月二十八了。

孙家亲戚："我们劝他现在不着急，工人的账过年以后再算也行嘛，是不是？因为出了这个事。他就执意说不行。"

孙东林："不能让人家工人骂咱们哥们儿不地道，人家辛辛苦苦一年，让人家年都过不去。我家过不去，也就我一家了。再一个，不能让我哥哥还来生债，因为我哥哥那天腊月二十六赶回来，就是为了发工资。"

此时在车祸现场的孙东林一边跟交警协商节后事故处理的相关事宜，一边又打电话回家安抚父母。随即拿上在哥哥车上找到的26万元现金，连夜往老家赶，在腊月二十九早上到家见到父母之后，他也不敢说出全部实情。只是告诉老人哥哥一家出了车祸，而嫂子和孩子都留在医院处理后事。之后孙东林没有时间再去安慰父母，他要兑现哥哥的承诺，把工资发给农民工。

农民工："我说那就不用了，我还拿什么工资啊，他一家5口就这样走了，我觉得太惨了，我还要什么钱呢。"

俗话说，人死账烂，等待发工资的60多位农民工心里都对这笔工钱大多不抱什么希望了。

农民工："那些人还在的老板，他就是想不给你钱或者少给你钱，他们都有各种理由来扣工钱。现在他们一家人都没有了，你找谁要钱去？"

一定要替哥哥发工钱，可是哥哥孙水林的账单已经在车祸中遗失，在没有任何凭据的情况下，弟弟孙东林不知道每人究竟该发多少钱，甚至不知道该给谁发钱。

孙东林："你们凭良心报，你们报多少我给多少，你们也不能昧着良心，我也不黑良心，咱们就来个良心账。"

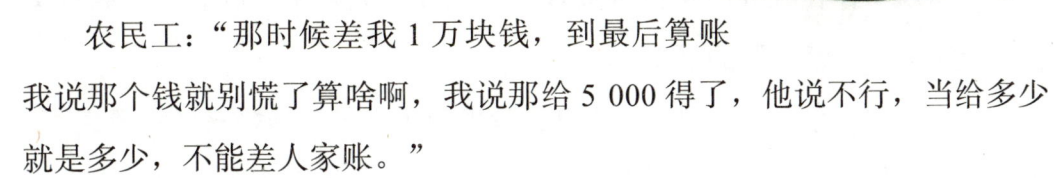

农民工："那时候差我1万块钱，到最后算账我说那个钱就别慌了算啥啊，我说那给5 000得了，他说不行，当给多少就是多少，不能差人家账。"

农民工："往年他家里热热闹闹的像过年一样，说的说笑的笑，今年全都是一种悲伤，全都是悲伤，都低着头。"

农民工："当时我是第一个最先领到工资的，我当时都不相信，当然挺意外，当时我把这个钱拿到手的时候，我的手都还在颤抖。"

腊月二十九的当天下午，26万元现金全部发完了，可是还有一些农民工没有领到工资，总共还有7万多元的缺口，于是孙东林拿出自己6万多元的积蓄，还沉浸在丧子之痛的老母亲也拿出了1万元养老钱，总共发放了33.6万元。到腊月二十九晚上8点，农民工的工资全部兑现。

这个总数跟哥哥孙水林生前所说的数目相差不多。

孙东林："我就把孙云抱着，就是我哥哥的二闺女，我说孙云，现在我们可以告诉你爸爸了，现在咱们家不差钱了。我说我们俩现在到2楼楼顶可以对外大声宣布，你爸爸走了，20年来，我们不欠谁一分钱，到现在也不欠。"

孙云："爸爸，我们过来给你送行，你们莫担心我。"

诚信大于天、诺言比金贵。20年来，孙水林用时间证明着诚信。在他罹难之后，弟弟孙东林继续用实际行动兑现了哥哥当初的承诺，即新年不欠旧年薪，今生不欠来生债。

——选自纪录片《生死接力送薪，诚信感动中国》

思辨讨论

1. 在《卫风·氓》中，你读出诗中的女子和男子分别有着怎样的性格特征？通过女子的自述，请简要概括女子和男子性格的变化。

2. 《论语》共20篇，其中16篇谈到"信"，请结合节选内容，简要分析孔子认为"诚信"有何重要作用？

3. 《大学》中将"慎独"作为通向至诚的手段，有人认为我们需要做到"慎众"，在独处时可以释放真我，从而达到自由的状态。请结合文意，谈谈你对"慎独"的理解。

4. 微写作：《卫风·氓》中的第五章表现了女子历历数来的切责之声，第六章则展现了女子如泣如诉的哀叹之情。请结合诗句内容，展开合理想象，描绘画面内容，一幅为女子"静言思之，躬自悼矣"的画面，一幅为"反是不思，亦已焉哉"的画面。注意人物动作、心理、神态等的描写，字数150字左右。

团结协作　第十单元

单元导读

"千人同心，则得千人之力；万人异心，则无一人之用"。一块砖，只有堆砌在一起才能成就万丈高楼；一滴水，只有汇入大海才能获得永存；一个家庭，只有团结和睦，才能人丁兴旺；一个企业，只有处处盛开团结互助之花，才能发展腾飞；一个国家，只有万众一心、团结一致，才能繁荣富强。团结协作的精神也在国学经典中流传着，今天，只要我们仔细地欣赏、品味，也定然会感受到那恒久的魅力，得到深深的启迪。

本单元所选的4篇课文，通过不同的情境，展现古人统一的精神境界。《秦风·无衣》讲述了战场之上，军民团结互助、共御外侮，这是英雄的气概；《得道多助，失道寡助》强调了战争胜利的关键在于"人和"，这是君王的治国之道；《五帝本纪（节选）》展现了同族人团结和睦，百官各司其职的具体事例，这是国家风调雨顺、繁荣富强的基础；《桃园三结义（节选）》叙述了桃林之中，刘、关、张三人举酒结义，对天盟誓，同心协力，这是英雄传奇的起点。

经典选文

> **经典名言**
>
> 子曰:"君子周而不比,小人比而不周。"
>
> ——《论语·为政》

第三十七课

秦风·无衣

《诗经》

岂曰无衣?与子同袍①。王②于③兴师④,修我戈矛⑤。与子同仇⑥!

岂曰无衣?与子同泽⑦。王于兴师,修我矛戟⑧。与子偕作⑨!

岂曰无衣?与子同裳⑩。王于兴师,修我甲兵⑪。与子偕行⑫!

【内容注释】

①袍:长袍。行军者日以当衣,夜以当被。就是今之披风,或名斗篷。古代特指絮旧丝绵的长衣。"同袍"是友爱之辞。

②王:指周王,秦国出兵以周天子之命为号召。

③于:语气助词,犹"曰"或"聿"。

④王于兴师:犹言国家要出兵打仗。兴师,出兵。秦国常和西戎交兵。

⑤ 戈、矛：都是长柄的兵器，戈平头而旁有枝，矛头尖锐。

⑥ 仇：《吴越春秋》引作"譬"。"譬"与"仇"同义。与子同仇：等于说你的譬敌就是我的譬敌，即我们的敌人是共同的。

⑦ 泽：通"襗"，内衣，指今之汗衫。

⑧ 戟：兵器名。古戟形似戈，具横直两锋。

⑨ 作：起。

⑩ 裳：下衣，此指战裙。

⑪ 甲兵：铠甲和兵器。

⑫ 偕行：同行，指一块儿上战场。

【资料链接】

《秦风·无衣》是中国古代第一部诗歌总集《诗经》中最为著名的爱国主义诗篇，它是产生于秦地（今陕西中部、甘肃东部）人民抗击西戎入侵者的军中战歌。秦人在商周时代与戎狄杂处，以养马闻名，以尚武著称。当时的秦人部落实行的是兵制，有点儿像是民兵制，平民成年男子平时耕种放牧，战时上战场就是战士，武器与军装由自己准备。这种兵制在北方的少数民族中一直在延续着，木兰的"东市买骏马，西市买鞍鞯，南市买辔头，北市买长鞭"，就是在自己置备装备。在当时，成年的秦人男子，是自己有武器和军装的，只要发生战事，拿起来就可以上战场。

《秦风·无衣》是一首激昂慷慨、同仇敌忾的战歌，表现了秦国军民团结互助、共御外侮的高昂士气和乐观精神，其矫健而爽朗的风格正是秦人爱国主义精神的反映。全诗共三节，采用了重叠复沓的形式，叙说着将士们在大敌当前、兵临城下之际，他们以大局为重，与周王室保持一致，一听"王于兴师"，磨刀擦枪、舞戈挥戟，奔赴前线共同杀敌的英雄主义气概。

> **经典名言**
>
> 子曰：独学而无友，则孤陋而寡闻。
>
> ——《礼记·学记》

第三十八课

得道多助，失道寡助

孟　子

天时不如地利，地利不如人和。

三里之城①，七里之郭②，环③而攻之而不胜。夫环而攻之，必有得天时者矣；然而不胜者，是天时不如地利也。

城非不高也，池④非不深也，兵革⑤非不坚利也，米粟非不多也；委而去之⑥，是地利不如人和也。

故曰：域民不以封疆之界⑦，固国不以山溪之险⑧，威天下不以兵革之利⑨。得道⑩者多助，失道者寡助。寡助之至，亲戚⑪畔⑫之；多助之至，天下顺之。以天下之所顺，攻亲戚之所畔，故君子有不战，战必胜矣。

——选自《孟子·公孙丑下》

【内容注释】

① 三里之城：方圆三里的内城。

② 七里之郭：方圆七里的外城。

③ 环：围。

④池：护城河。

⑤兵革：泛指武器装备。兵，兵器。革，皮革制成的甲、胄、盾之类。

⑥委而去之：弃城而逃。委，放弃。去，离开。

⑦域民不以封疆之界：使人民定居下来（而不迁到别的地方去），不能靠疆域的边界。

⑧固国不以山溪之险：巩固国防不能靠山河的险要。固，使……巩固。

⑨威天下不以兵革之利：震慑天下不能靠锐利的武器。

⑩得道：指能够施行治国的正道，即仁政。

⑪亲戚：内外亲戚，包括父系亲属和母系亲属。

⑫畔：通"叛"，背叛。

【资料链接】

　　孟子出身于鲁国贵族。他的祖先即是鲁国晚期煊赫一时的孟孙，但当孟子出生时，他的家族已趋没落。春秋晚期的大混乱，使他们的家族渐趋门庭式微，被迫从鲁迁往邹。再以后每况愈下，到孟子幼年时只得"赁屋而居"了。孟子父母的状况，今已不可考。流传下来的只知孟子幼年丧父，与母亲生活。为了孟子的读书，孟母曾三次择邻而居，一怒断机。孟子从40岁开始，除了收徒讲学之外，开始接触各国政界人物，奔走于各诸侯国之间，宣传自己的思想学说和政治主张。孟子继承了孔子的"仁政"思想，提倡"以民为本"，"民为贵，社稷次之，君为轻"。孟子反对兼并战争，他认为战争太残酷，主张以"仁政"统一天下。孟子"仁政"学说的理论基础是"性善论"。孟子说："恻隐之心，人皆有之。"他认为善性是人类所独有的一种本性，也是区别人和动物的一个根本标志。

> **经典名言**
>
> 子曰："益者三友，损者三友。友直，友谅，友多闻，益矣。友便辟，友善柔，友便佞，损矣。"
>
> ——《论语·季氏》

第三十九课

五帝本纪（节选）

司马迁

帝尧者，放勋。其仁如天，其知①如神。就②之如日，望之如云。富而不骄，贵而不舒③。黄收纯衣④，彤⑤车乘白马。能明驯德⑥，以亲九族⑦。九族既睦，便章⑧百姓。百姓昭明，合和⑨万国。

乃命羲、和，敬顺昊天⑩，数法日月星辰⑪，敬授民时⑫。分命羲仲，居郁夷，曰旸谷。敬道日出⑬，便程东作⑭。日中⑮，星鸟⑯，以殷中春⑰。其民析⑱，鸟兽字微⑲。申⑳命羲叔，居南交，便程南为㉑，敬致㉒。日永㉓，星火㉔，以正中夏㉕。其民因㉖，鸟兽希革㉗。申命和仲，居西土，曰昧谷。敬道日入㉘，便程西成㉙。夜中㉚，星虚㉛，以正中秋㉜。其民夷易㉝，鸟兽毛毨㉞。申命和叔，居北方，曰幽都。便在伏物㉟。日短㊱，星昴㊲，以正中冬㊳。其民燠㊴，鸟兽氄㊵毛。岁三百六十六日，以闰月正四时㊶。信饬㊷百官，众功皆兴。

——选自《史记》

【内容注释】

① 知（zhì）：通"智"。

② 就：接近。

③ 舒：放纵。

④ 黄收：黄色的帽子。收，古代的一种帽子，夏朝把冕称为收。 纯衣：黑色衣服。

⑤ 彤：朱红色。

⑥ 明：尊敬。驯德：善德，指有善德的人。驯，善。

⑦ 九族：指上至高祖下至玄孙的同族九代人。

⑧ 便章：即"辨章"，辨明。

⑨ 合和：和睦。

⑩ 敬：恭谨。昊天：上天。

⑪ 数法日月星辰：意思是根据日月星辰的运行规律，制定历法。数，历数，这里指推定历数。法，法象、效法，这里指观察。

⑫ 敬授民时：慎重地教给民众农事季节。"授时"作用同于后世的颁行历法，民众据以安排农事，适时播种、收获。

⑬ 敬道日出：恭敬地迎接日出。因为三春主东，日出东方，所以，敬道日出指迎接春季来临。

⑭ 便程：分别次第，使做事有步骤。便，通"辨"，别。东作：指春天的农事。

⑮ 日中：指春分，这一天昼夜平分。

⑯ 星鸟：指星宿（xiù）黄昏时出现在正南方。星宿是南方朱雀七宿的第四宿，所以称星鸟。按：二十八宿中的有些星宿是古人测定季节的观测对象，此句的星鸟及下文的星火、星虚、星昴（mǎo）即是。

⑰ 殷：正、推定。中（zhòng）春：即仲春，春季的第二个月，就是阴历二月。

⑱ 析：分散，指分散劳作。

⑲ 字：产子。微：通"尾"，鸟兽虫鱼交配。

⑳ 申：重复。

㉑ 南为：指夏天的农事。"为"与"东作"的"作"同义。

㉒ 致：求得，这里指求得功效。

㉓ 日永：指夏至，这一天昼长夜短。永，长。

㉔ 星火：指心宿黄昏时出现在正南方。心宿是东方苍龙七宿中的第五宿，又叫大火。

㉕ 中夏：即仲夏，夏季的第二个月，就是阴历五月。

㉖ 因：就，指就高处而居。

㉗ 希革：指夏季炎热，鸟兽换毛，皮上毛羽稀少。希，通"稀"。革，兽皮。

㉘ 敬道日入：恭敬地送太阳落下。因为三秋主西，日入西方，所以，敬道日入指迎接秋季到来。

㉙ 西成：指秋天万物长成。

㉚ 夜中：指秋分，这一天黑夜和白昼平分。

㉛ 星虚：指虚宿黄昏时出现在正南方。虚宿是北方玄武七宿的第四宿。

㉜ 中秋：即仲秋，秋季的第二个月，就是阴历八月。

㉝ 夷易：平、平坦，这里指迁回平地居住。

㉞ 毨（xiǎn）：指秋季鸟兽更生新毛。

㉟ 便在：这里是认真过问的意思。在，视、省视。伏物：指冬季收藏贮存各种物资。伏，藏。

㊱ 日短：指冬至，这一天昼短夜长。

㊲ 星昴：指昴宿黄昏时出现在正南方。昴宿是西方白虎七宿的第四宿。

㊳ 中冬：即仲冬，冬天的第二个月，就是阴历十一月。

㊴ 燠：暖、热，这里指防寒取暖。

㊵ 氄（rǒng）：鸟兽细软而茂密的毛。

㊶ 岁三百六十六日，以闰月正四时：大意是说按太阳历计算，一年有366天（这是举其成数，实际为365.242 5天），按太阴历计算，一个月

有29.530 6天，一年十二个月共354天（或355天），为了解决二者的矛盾就采取置闰月的办法，使这两个周期协调起来，让一年中的节气与四季的实际气候相符，以利生产。我国古代的历法都是阴阳合历，但在尧的时代未必已认识到如此精确的程度。岁，年，指太阳年。

㊷ 信：诚。饬：通"敕"，告诫。

【资料链接】

《史记》是我国第一部纪传体通史，由西汉武帝时期的司马迁花了13年的时间写作完成。《史记》原名《太史公书》，全书共130篇，526 500余字，包括12本纪、10表、8书、30世家、70列传，记载了上至中国上古传说中的黄帝时代（约前3000）下至汉武帝元狩元年（前122）共3 000多年的历史。它包罗万象，而又融会贯通，脉络清晰，"王迹所兴，原始察终，见盛观衰，论考之行事"，所谓"究天人之际，通古今之变，成一家之言"，翔实地记录了上古时期政治、经济、军事、文化等各个方面的发展状况。

它不同于前代史书所采用的以时间为次序的编年体，或以地域为划分的国别体，而是以人物传记为中心来反映历史内容的一种体例。此后，从东汉班固的《汉书》到民国初期的《清史稿》，近2 000年间历代所修正史，尽管在个别名目上有某些增改，但都绝无例外地沿袭了《史记》的纪传体的撰写方式。同时，《史记》还被认为是一部优秀的文学著作，在中国文学史上有重要地位，被鲁迅誉为"史家之绝唱，无韵之离骚"。

《五帝本纪》是《史记》的首篇，记载的是远古传说中相继为帝的5个部落首领——黄帝、颛顼、帝喾、尧、舜的事迹。同时也记录了当时部落之间频繁的战争，部落联盟首领实行禅让，远古初民战猛兽、治洪水、开良田、种嘉谷、观测天文、推算历法、谱制音乐舞蹈等多方面的情况。中华民族五千年的悠久历史，就是从这远古的传说开始的，黄帝和炎帝两个部落联合、战争，最后融为一体，在黄河流域定居繁衍，从而构成了华夏民族的主干，创造了我国远古时代的灿烂文化。

> **经典名言**
>
> 子曰："三人行，必有我师焉。择其善者而从之，其不善者而改之。"
>
> ——《论语·述而》

第四十课

桃园三结义（节选）

罗贯中

且说张角一军，前犯幽州界分。幽州太守刘焉，乃江夏竟陵人氏，汉鲁恭王之后也。当时闻得贼兵将至，召校尉邹靖计议。靖曰："贼兵众，我兵寡，明公宜作速招军应敌。"刘焉然其说，随即出榜招募义兵。

榜文行到涿县，引出涿县中一个英雄。那人不甚好读书；性宽和，寡言语，喜怒不形于色；素有大志，专好结交天下豪杰；生得身长七尺五寸①，两耳垂肩，双手过膝，目能自顾其耳，面如冠玉，唇若涂脂；中山靖王刘胜之后，汉景帝阁下玄孙，姓刘名备，字玄德。昔刘胜之子刘贞，汉武时封涿鹿亭侯，后坐酎金失侯②，因此遗这一枝在涿县。玄德祖刘雄，父刘弘。弘曾举孝廉③，亦尝作吏，早丧。玄德幼孤，事母至孝；家贫，贩屦④织席为业。家住本县楼桑村。其家之东南，有一大桑树，高五丈余，遥望之，童童如车盖⑤。相者云："此家必出贵人。"玄德幼时，与乡中小儿戏于树下，曰："我为天子，当乘此车盖。"叔父刘元起奇其言，曰："此儿非常人也！"因见玄德家贫，常资给之。年十五岁，母使游学，尝师事郑玄、卢植，与公孙瓒等为友。

及刘焉发榜招军时，玄德年已二十八岁矣。当日见了榜文，慨然长叹。随后一人厉声言曰："大丈夫不与国家出力，何故长叹？"玄德回视其人，身长八尺，豹头环眼，燕颔虎须⑥，声若巨雷，势如奔马。玄德见他形貌异常，问其姓名。其人曰："某姓张名飞，字翼德。世居涿郡，颇有庄田，卖酒屠猪，专好结交天下豪杰。恰才见公看榜而叹，故此相问。"玄德曰："我本汉室宗亲，姓刘，名备。今闻黄巾倡乱，有志欲破贼安民，恨力不能，故长叹耳。"飞曰："吾颇有资财，当招募乡勇，与公同举大事，如何？"玄德甚喜，遂与同入村店中饮酒。

正饮间，见一大汉，推着一辆车子，到店门首歇了，入店坐下，便唤酒保："快斟酒来吃，我待赶入城去投军。"玄德看其人：身长九尺，髯长二尺；面如重枣，唇若涂脂；丹凤眼，卧蚕眉，相貌堂堂，威风凛凛。玄德就邀他同坐，叩其姓名。其人曰："吾姓关名羽，字长生，后改云长，河东解良人也。因本处势豪倚势凌人，被吾杀了，逃难江湖，五六年矣。今闻此处招军破贼，特来应募。"玄德遂以己志告之，云长大喜。同到张飞庄上，共议大事。飞曰："吾庄后有一桃园，花开正盛；明日当于园中祭告天地，我三人结为兄弟，协力同心，然后可图大事。"玄德、云长齐声应曰："如此甚好。"

次日，于桃园中，备下乌牛白马祭礼等项，三人焚香再拜而说誓曰："念刘备、关羽、张飞，虽然异姓，既结为兄弟，则同心协力，救困扶危；上报国家，下安黎庶。不求同年同月同日生，只愿同年同月同日死。皇天后土，实鉴此心，背义忘恩，天人共戮！"誓毕，拜玄德为兄，关羽次之，张飞为弟。祭罢天地，复宰牛设酒，聚乡中勇士，得三百余人，就桃园中痛饮一醉。

——选自《三国演义》

【内容注释】

① 七尺五寸：汉代一尺约合今尺的七八寸。

② 坐酎金失侯：犯了没有按规定缴纳酎金之罪，结果被削去侯爵。

③举孝廉：地方官吏向朝廷推荐孝敬父母且为人廉正的人。

④屦：麻鞋。

⑤童童如车盖：形容大树枝叶茂密。车盖，古代车上所设的圆形遮幔，其形略如伞状。

⑥燕颔虎须：下巴宽阔，胡子刚劲。

【资料链接】

《三国演义》是中国古典四大名著之一，是中国第一部长篇章回体历史演义小说，全名为《三国志通俗演义》（又称《三国志演义》），作者是元末明初的著名小说家罗贯中。

《三国演义》描写了从东汉末年到西晋初年之间近百年的历史风云，以描写战争为主，讲述了东汉末年的群雄割据混战，魏、蜀、吴三国之间的政治和军事斗争，以及司马炎一统三国，建立晋朝的故事。反映了三国时代各类社会斗争与矛盾的转化，并概括了这一时代的历史巨变，塑造了一群叱咤风云的三国英雄人物。

桃园三结义是《三国演义》中的第一个故事。提起刘备、关羽和张飞，人们总是会想到他们早年在涿郡张飞庄后那花开正盛的桃园，备下乌牛白马，祭告天地，焚香再拜，结为异姓兄弟，"不求同年同月同日生，只愿同年同月同日死"的英雄盟誓。

现实拓展

千里驰援

岂曰无衣，与子同袍。除夕至今一个多月里，广东先后派出24批医疗队、2 461名医务工作者入荆楚大地，驰援湖北。他们与湖北以及全国的医务工作者一起，英勇奋战在抗击新冠肺炎疫情的最前线，谱写了一曲白衣战士与时间赛跑、同病魔较量的英雄壮歌。

——题记

一

2020年1月18日，傍晚。广州南站。过节归乡的人潮已然涌来。

一位老人和助手来到售票大厅。从老人矫健的身形和匆匆的步履，看不出，他已有84岁高龄。这个年纪，又逢岁尾年初，一般是不出行的。显然，老人是遇到了"特殊的情况"，或者——"天大的事情"。

只是，车票已售空。

十万火急。不得已，老人想办法才搞到两张车票。

是17时45分的动车，目的地：武汉。车上没有座位，车长把老人和助手安排在餐车就座。老人和助手吃了盒饭，然后，开始工作。先看材料，又不断打电话，连续打了十几个电话。21时许，累极了，老人仰靠椅背，闭目小憩，没摘眼镜，眉头紧锁。他面色憔悴，脸有倦容。前一天，在深圳忙。这天上午，讨论一个重症病人的病情；中午没休息；下午，在省里开会；会议结束后，直接来到车站。老人只休息了10分钟，然后，又是看材料、打电话。23时，列车抵达武汉。次日9时，老人在武汉会议中心参加高级别专家组会议；会后，去金银潭医院；之后，去武汉市疾控中心。下午，参加会议；18时许，飞往北京；22时许，参加会议，直至深夜。

1月20日，16时许，老人出席新闻发布会。人们知道了，这位老人

就是钟南山，中国工程院院士、国家卫健委高级别专家组组长。

面对来势汹汹的新冠肺炎疫情，钟南山表示，肯定有人传人现象，已经有医务人员被感染，"这是我们应该提高警惕的时候""没有特殊的情况不要去武汉"。

二

除夕，万家团圆之日。再忙，这一天人们都会回家。

孰料，在新年的钟声即将敲响之际，武汉新冠肺炎疫情告急。全国各地驰援武汉的医疗队伍纷纷启程。

临近午夜，一架货舱满载医疗物资的南方航空公司航班，停在广州白云国际机场。133名队员迎风而立。这是广东派出的第一批支援武汉的医疗队——谢佳星，准备驾车回潮汕过年，果断放弃；谢国波，妻子怀孕4个月，接到任务没有一丝犹豫；陈丽芳，两个孩子，婆婆身体不好，孩子和老人都需要人照顾；彭红，远在湖南的父母盼女儿归来，她不敢说自己要去武汉；王凯，正在安徽老家陪伴父母，当即启程返粤；梁玉婵，取消了2月2日领取结婚证的计划……

不管有多少困难，这些医务工作者都咬紧牙关，义无反顾地踏上征程。

英雄不问出处。但此时，英雄的出处不能省略：广东省人民医院、广东省第二人民医院、中山大学附属第一医院、中山大学孙逸仙纪念医院、中山大学附属第三医院、南方医科大学南方医院、南方医科大学珠江医院、暨南大学附属第一医院、广州医科大学附属第一医院。均为三级甲等综合医院。而且，医疗队成员全部来自呼吸科、感染性疾病专科、医院感染管理科、重症医学科、检验科。其中，多人参加过2003年非典救治。

团圆夜亦是出征时。羊城的除夕夜灯火辉煌，队员们有不舍，有牵挂，但更多的是信念——抗击病魔、安全归来！

深夜1点45分，航班抵达武汉天河国际机场。此时，已是庚子鼠年大年初一。133人，走入武汉的浓重夜色中。

三

抵达当日，没睡多久，队员们就开始业务培训。

汉口医院，距离华南海鲜市场只有4公里。广东医疗队接手原呼吸科病区时，住院者70人，其中病危3人、病重52人。

这是一家以康复医疗为主的二甲医院，本来不具备收治危重患者的条件。甚至，更衣间连灯都没有。医疗队员们来到这里后，立即着手改善环境。手消毒，戴防护帽，戴口罩，穿防护服，戴手套，戴面罩，套鞋套……包住每一寸裸露的肌肤。然后是当清洁工、垃圾搬运工。杂物、医疗垃圾、生活垃圾……无不潜藏病毒，每一次近距离接触，都危险重重。接着是划分病区，将内科二楼通往原医生值班区的通道堵住，隔出清洁区、半污染区和污染区。各区之间，以木板相隔；木板与木板之间，用透明胶封住。隔离门需要更换成下压式门把手，一摁，门开，仅一个指头接触。尽管需要着手的工作还有很多，但是，渐渐地，已从无序变为有序，从忙乱变为稳定。然后，继续收治病人并进行分类隔离。133名医疗队员分批进入病区，夜以继日地与患者一起同病魔做斗争。

王吉文，中山大学孙逸仙纪念医院重症医学科副教授，参加过非典隔离病房管理和一线救治，他鼓励队员："情况紧急，我们要团结一心，拧成一股绳，想办法解决所有问题。"

夜里，下起霏霏细雨。江城的街上，冷清、寂寥。下夜班的医生、护士结伴而行，有人突然说，今天是大年初二啊！对他们每个人来说，这都是一个永远难以忘记的春节假期——他们将在"战场"上度过。而且，他们不能退缩，不能胆怯，不能低头。

四

133人，远远不够！

珠江连汉江，壮士再出征。

正月初四晚，来自中山大学附属第一医院、中山大学附属第六医院、广东省妇幼保健院、南方医科大学第三附属医院以及广东各地市医院的147人驰援武汉。

正月十三晚，中山大学附属第一医院、孙逸仙纪念医院262名医护人员，驰援武汉。

正月十四，广东省疾控中心检验队车载生物安全柜、生物废弃物高压系统、全自动核酸提取仪和荧光定量PCR仪，经16个小时长途跋涉，到达武汉，展开检测任务。

正月廿一晚，广东新组建的一批医疗队奔赴荆州。佛山、汕头、东莞、茂名、梅州、揭阳，全省医疗系统总动员……

除了这些团队，亦有人"踽踽独行"。

正月初九，中山大学附属第一医院重症医学科主任管向东教授，作为国家级专家组成员赶赴武汉执行紧急医学救援任务。"生命重于泰山，疫情就是命令。国家有困难，重症医学专家应当迅速响应！"

正月十九中午，广东省人民医院危急重症医学部主任医师蒋文新登上飞机。他奔赴荆州，担任广东省对口支援湖北荆州医疗队技术总指导。蒋文新有关节炎，膝盖疼，一拐一拐进了机舱。他注意到，这是一架客机，但却没有乘客。座位上面、下面，塞满了一箱箱口罩、防护服、导尿包……机舱两侧悬挂着十几面五星红旗，在灯光的映照下，传递着温暖。

五

千里驰援，为武汉胜，为湖北胜，为中国胜。一曲新时代的奉献之歌、英雄之歌正在荆楚大地传唱——广东医疗队2 461名队员，与来自全国各地的数万名医务工作者一起，为抗击新冠肺炎疫情而并肩作战。

2月14日晚。江城上空，雷声滚滚。

翌日一早，人们推开窗，惊喜地发现，天空中飘着雪花，这是庚子鼠年落到武汉的第一场雪——荆楚大地银装素裹，分外妖娆。

一位武汉市民说，瑞雪兆丰年，我们等待着春暖花开！

——《人民日报》，2020-03-02（有删改）

思辨讨论

1. 对《秦风·无衣》这首诗的内容分析不当的一项是：（　　）。

A. 第一节是全诗的总领。为了"同仇"这个目标，所以才能"同袍""同泽""同裳"

B. 第一、二节诗表达了同心协力共同对敌的决心。反问句的使用，语气强烈，增强了诗句的艺术感染力

C. 第三节诗句式与前两节相同，但表达的感情与上文不同，主要强调了慷慨从军一同出发这一中心

D. 全诗叙写了出征前战友相互勉励的情形，抒发了团结友爱、共御外侮的壮志豪情

2. 在《得道多助，失道寡助》这篇文章中，孟子认为治理国家最重要的条件是什么？"人和"在文中的含义是什么？请你结合历史或现实，再举出一个相关的事例。

3. 《五帝本纪（节选）》中的帝王是如何治理国家的？请结合想象将文章改写成一篇现代文。

4. 子曰："君子周而不比，小人比而不周。"——《论语·为政》

请结合实际，从班集体建设的角度谈谈你对这句话的看法。要求：条理清晰，180字左右。

第十一单元 开拓创新

单元导读

李大钊先生曾说过："人生最有趣的事情，就是送旧迎新，因为人类最高的欲求，是在时时创造新生活。"开拓创新是社会变革的一种动力，人类就是在开拓创新中发展进步的。当今社会的迅速发展，依然需要开拓创新，只有"乘风破浪会有时"，才能"直挂云帆济沧海"。

本单元所选的4篇课文，围绕"开拓创新"这一主题展开，让我们看到了中华五千年的那一步步开拓的脚印。《论诗五首（其一）》《酬乐天扬州初逢席上见赠》足见文人外化为文、内化于心的创作主张，唯有"日争新"，才有"千帆过""万木春"；《各因其宜》是智者对时代发展的敏锐洞察，"法与时变，礼与俗化"，历史的车轮唯有在革故鼎新、因时而化中，方能滚滚向前；《改易更革》以一个时代精英的视角，"天变不足畏，祖宗不足法，人言不足恤"，再现了一个变法者执着、率性、大胆的个性魅力；《河中石兽》则借助一个寓言故事，生动地告诫我们"天下之事"，不可"据理臆断"，不能囿于常规，只有循规律讲科学，才能寻因究果，柳暗花明。

经典选文

> **经典名言**
>
> 芳林新叶催陈叶,流水前波让后波。
>
> ——刘禹锡

第四十一课

论诗五首(其一)

赵 翼

满眼生机转化钧①,天工人巧日争新②。
预支五百年新意,到了千年又觉陈。

酬乐天扬州初逢席上见赠③

刘禹锡

巴山楚水④凄凉地,二十三年弃置身⑤。
怀旧空吟闻笛赋⑥,到乡翻似烂柯人⑦。
沉舟侧畔千帆过,病树前头万木春⑧。
今日听君歌一曲,暂凭杯酒长精神⑨。

【内容注释】

① 转化钧：谓大自然的化育如转轮，变化无穷。化，造化，即大自然。钧，陶瓷匠所用的转轮。

② 天工：指大自然的天然而成。人巧：指人用头脑手工而成的。日争新：天天都有新的东西产生。

③ 酬：答谢。乐天：指白居易，字乐天。见赠：送给（我）。

④ 巴山楚水：指四川、湖南、湖北一带。

⑤ 二十三年：从唐顺宗永贞元年（805）刘禹锡被贬为连州刺史，至宝历二年（826）冬应召，约22年。因贬地离京遥远，实际上到第2年才能回到京城，所以说23年。弃置身：指遭受贬谪的诗人自己。置，放置。弃置，贬谪（zhé）。

⑥ 怀旧：怀念故友。吟：吟唱。闻笛赋：指西晋向秀的《思旧赋》。

⑦ 到：到达。翻似：倒好像。翻，副词，反而。烂柯人：指晋人王质。相传晋人王质上山砍柴，看见两个童子下棋，于是停下观看。等棋局终了，手中的斧柄（柯）已经朽烂。回到村里，才知道已过了100年，同代人都已经亡故。作者以此典故表达自己遭贬23年的感慨。刘禹锡也借这个故事表达世事沧桑，人事全非，暮年返乡恍如隔世的心情。

⑧ 沉舟：这是诗人以沉舟、病树自比。侧畔：旁边。沉舟侧畔千帆过，病树前头万木春：喻指旧事物必然灭亡，新事物不断成长。

⑨ 长（zhǎng）精神：振作精神。长，增长、振作。

【资料链接】

赵翼（1727—1814），字云崧（一作耘崧），号瓯北，常州府阳湖县（今江苏常州）人，长于史学，考据精赅，为清代著名的史学家、诗人、文学家。与同时代的袁枚、蒋士铨并称为"乾隆三大家"，与袁枚、张问陶并称清代"性灵派三大家"。其论诗主"独创"，反摹拟，五、七言古诗中有些作品，嘲讽理学，隐喻对时政的不满之情。所著《廿二史札记》与王鸣盛《十七史商榷》、钱大昕《二十二史考异》合称"清代三大史学名著"。

刘禹锡（772—842），字梦得，籍贯河南洛阳，生于河南郑州荥阳，自称"家本荥上，籍占洛阳"，又自言系出中山，其先祖为中山靖王刘胜（一说是匈奴后裔）。唐朝时期大臣、文学家、哲学家，有"诗豪"之称。

贞元九年（793），进士及第，释褐太子校书，迁淮南记室参军，进入节度使杜佑幕府，深得信任器重。杜佑入朝为相，迁监察御史。贞元末年，加入以太子侍读王叔文为首的政治革新运动。唐顺宗即位后，实践"永贞革新"。革新失败后，宦海沉浮，屡遭贬谪。会昌二年（842），迁太子宾客，卒于洛阳，享年71岁，追赠户部尚书，葬于荥阳。

刘禹锡诗文俱佳，涉猎题材广泛，与柳宗元并称"刘柳"，与韦应物、白居易合称"三杰"，并与白居易合称"刘白"，留下《陋室铭》《竹枝词》《杨柳枝词》《乌衣巷》等名篇。哲学著作《天论》3篇，论述天的物质性，分析"天命论"产生的根源，具有唯物主义思想。著有《刘梦得文集》《刘宾客集》。

> **经典名言**
>
> 穷则变，变则通，通则久。
>
> ——《周易·系辞下》

第四十二课

各因其宜

刘 安

苟①利于民，不必法②古；苟周③于事，不必循④旧。夫夏商之衰也，不变法而亡。三代之起也，不相袭⑤而王。故圣人法与时变，礼与俗化⑥。衣服器械各便⑦其用，法度制令各因⑧其宜，故变古未可非⑨，而循俗⑩未足多⑪也。

——节选自《淮南子·氾论训》

【内容注释】

① 苟：如果。

② 法：遵循、效法。

③ 周：通"赒"，帮助。

④ 循：沿袭。

⑤ 袭：因袭。

⑥ 化：变化。

⑦ 便：方便。

⑧ 因：依照。

⑨ 非:非议。

⑩ 循俗:因循守旧。

⑪ 多:赞美。

【资料链接】

《淮南子·氾论训》为西汉初年淮南王刘安创作的一篇散文。

刘安(前179—前122),沛郡丰县(今江苏丰县)人,生于淮南(今属安徽省)。西汉时期思想家、文学家,汉高祖刘邦之孙,淮南厉王刘长之子。奉汉武帝之命所著《离骚传》,是中国最早对屈原及其《离骚》做高度评价的著作。曾组织门客编写《淮南鸿烈》(亦称《淮南子》),是中国思想史上划时代的学术巨著。刘安是世界上最早尝试热气球升空的实践者,也是中国豆腐的创始人。

> **经典名言**
>
> 删繁就简三秋树，领异标新二月花。
>
> ——郑板桥

第四十三课

改易更革

　　王安石字介甫，抚州临川人。父益，都官员外郎①。安石少好读书，一过目终身不忘。其属文②动笔如飞，初若不经意，既成，见者皆服其精妙。

　　安石议论高奇③，能以辩博济其说④，果于自用⑤，慨然有矫世⑥变俗之志。于是上万言书，以为："今天下之财力日以困穷，风俗日以衰坏，患在不知法度，不法⑦先王之政故也。法先王之政者，法其意⑧而已。法其意，则吾所改易更革，不至乎倾骇⑨天下之耳目，嚣天下之口⑩，而固⑪已合先王之政矣。因天下之力以生天下之财，收天下之财以供天下之费，自古治世，未尝以财不足为公患⑫也，患在治财无其道尔。在位之人才既不足，而闾巷草野⑬之间亦少可用之才，社稷之托⑭，封疆之守⑮，陛下其能久以天幸为常，而无一旦之忧乎⑯？愿监⑰苟⑱者因循之弊，明诏大臣，为之以渐，期合于当世之变⑲。臣之所称，流俗之所不讲，而议者以为迂阔⑳而熟烂也。"后安石当㉑国，其所注措㉒，大抵皆祖㉓此书。

　　安石性强忮㉔，遇事无㉕可否，自信所见，执意不回。至议变法，而在廷交执㉖不可，安石傅㉗经义，出己意，辩论辄数百言，众不能诎㉘。甚者谓"天变不足畏，祖宗不足法，人言不足恤"㉙。罢黜中外老成㉚人几尽㉛，多用门下儇㉜慧少年。久之，以旱㉝引去㉞，洎㉟复相，岁余罢㊱。终神宗世不复召,凡㊲八年。

——节选自《宋史·王安石传》

【内容注释】

① 父益,都官员外郎:父亲王益,任都官员外郎。

② 属文:写文章。

③ 高奇:高深新奇。

④ 能以辩博济其说:善于雄辩和旁征博引,自圆其说。

⑤ 果于自用:敢于坚持按自己的意见办事。

⑥ 矫世:矫正世事。

⑦ 法:效法。

⑧ 法其意:效法先王政令的精神。

⑨ 倾骇:惊扰。

⑩ 嚣天下之口:使天下舆论哗然。

⑪ 固:本来。

⑫ 公患:国家的祸患。

⑬ 闾巷草野:平民百姓。

⑭ 社稷之托:国家的托付。

⑮ 封缰之守:疆域的保护。

⑯ 陛下其能久以天幸为常,而无一旦之忧乎:陛下难道能够长久地依靠上天赐予的幸运,而不考虑万一出现祸患该怎么办吗?

⑰ 监:明察。

⑱ 苟:苟且。

⑲ 为之以渐,期合于当世之变:逐渐采取措施,革除这些弊端以适应当前世事的变化。

⑳ 迂阔:迂腐而不切实际。

㉑ 当:掌管。

㉒ 注措:安排。

㉓ 祖：根据、依据。

㉔ 忮（zhì）：违逆、刚愎。

㉕ 无：无论、不管。

㉖ 执：坚持。

㉗ 傅：陈述。

㉘ 众不能诎（qū）：大家都驳不倒他。诎，屈服、折服。

㉙ 甚者谓"天变不足畏，祖宗不足法，人言不足恤"：他甚至说"天灾不足以畏惧，祖宗不足以效法，人们的议论不足以忧虑"。

㉚ 老成：老成持重。

㉛ 几尽：几乎殆尽。

㉜ 儇（xuān）：聪明。

㉝ 旱：旱灾。

㉞ 引去：引退。

㉟ 洎（jì）：到、及。

㊱ 罢：罢免。

㊲ 凡：总共。

【资料链接】

王安石（1021—1086），字介甫，号半山，抚州临川（今江西临川）人，北宋著名思想家、政治家、文学家、改革家。

庆历二年（1042），王安石进士及第。历任扬州签判、鄞县知县、舒州通判等职，政绩显著。熙宁二年（1069），任参知政事，次年拜相，主持变法。因守旧派反对，熙宁七年（1074）罢相。一年后，宋神宗再次起用，旋又罢相，退居江宁。元祐元年，保守派得势，新法皆废，郁然病逝于钟山，追赠太傅。绍圣元年（1094），获谥"文"，故世称王文公。

王安石潜心研究经学，著书立说，被誉为"通儒"，创"荆公新学"，促进宋代疑经变古学风的形成。在哲学上，他用"五行说"阐述宇宙生成，丰富和发展了中国古代朴素唯物主义思想；其哲学命题"新故相除"，把中国古代辩证法推到一个新的高度。在文学上，其散文简洁峻切，短小精悍，论点鲜明，逻辑严密，有很强的说服力，充分发挥了古文的实际功用，名列"唐宋八大家"；其诗"学杜得其瘦硬"，擅长于说理与修辞，晚年诗风含蓄深沉、深婉不迫，以丰神远韵的风格在北宋诗坛自成一家，世称"王荆公体"；其词写物咏怀吊古，意境空阔苍茫，形象淡远纯朴，营造出一个士大夫文人特有的情致世界。有《王临川集》《临川集拾遗》等存世。

> **经典名言**
>
> 体无常轨，言无常宗，物无常用，景无常取。
>
> ——皇甫湜

第四十四课

河中石兽

纪　昀

沧州南一寺临①河干②，山门圮③于河，二石兽并沉焉。阅④十余岁，僧募金重修，求⑤二石兽于水中，竟⑥不可得。以为顺流下矣，棹⑦数小舟，曳⑧铁钯，寻十余里无迹。

一讲学家⑨设帐⑩寺中，闻之笑曰："尔辈不能究物理⑪，是非木杮⑫，岂能为暴涨⑬携之去？乃石性坚重，沙性松浮，湮⑭于沙上，渐沉渐深耳。沿河求之，不亦颠⑮乎？"众服为确论⑯。

一老河兵⑰闻之，又笑曰："凡河中失石，当求之于上流。盖⑱石性坚重，沙性松浮，水不能冲石，其反激之力，必于石下迎水处啮⑲沙为坎穴⑳，渐激渐深，至石之半，石必倒掷㉑坎穴中。如是再啮，石又再转，转转不已㉒，遂反溯流㉓逆上矣。求之下流，固㉔颠；求之地中，不更颠乎？"

如其言，果得于数里外。然则天下之事，但㉕知其一，不知其二者多矣，可据理臆断㉖欤？

——选自《阅微草堂笔记》卷十六《姑妄听之》

【内容注释】

① 临：靠近，也有"面对"之意。

② 河干（gān）：河岸。干，岸。

③ 圮（pǐ）：倒塌。

④ 阅：经过、经历。

⑤ 求：寻找。

⑥ 竟：终了、最后。

⑦ 棹（zhào）：名词作动词，划船。

⑧ 曳（yè）：拖着。

⑨ 讲学家：讲学先生，指那些专门以向生徒传授"儒学"为生的人。

⑩ 设帐：设馆教书。

⑪ 物理：事物的道理、规律。

⑫ 是非木柿（fèi）：这不是木片。是，这。柿，削下来的木片。

⑬ 暴涨：洪水。暴，突然（急、大）。

⑭ 湮（yān）：埋没。

⑮ 颠：颠倒、错误，一作"癫"，荒唐。

⑯ 众服为确论：大家很信服，认为是正确的言论。为，认为是。

⑰ 河兵：巡河、护河的士兵。

⑱ 盖：因为。

⑲ 啮（niè）：咬，这里指侵蚀、冲刷的意思。

⑳ 坎（kǎn）穴：坑洞。

㉑ 倒掷（zhì）：倾倒。

㉒ 不已：不停止。已：停止。

㉓ 溯（sù）流：逆流。

㉔ 固：固然。

㉕ 但：只、仅仅。

㉖ 据理臆（yì）断：根据某个道理就主观判断。臆断，主观地判断。

【资料链接】

　　纪昀（1724—1805），字晓岚，一字春帆，晚号石云，道号观弈道人，直隶献县（今河北沧州）人。清代政治家、文学家，乾隆年间官员。历官左都御史，兵部、礼部尚书、协办大学士加太子少保兼国子监事，曾任《四库全书》总纂修官。他学宗汉儒，博览群书，工诗及骈文，尤长于考证训诂。任官50余年，年轻时才华横溢、血气方刚，晚年时内心世界却日益封闭。其《阅微草堂笔记》正是这一心境的产物。他的诗文，经后人搜集编为《纪文达公遗集》。嘉庆十年（1805）二月，纪昀病逝，因其"敏而好学可为文，授之以政无不达"（嘉庆帝御赐碑文），故卒后谥号"文达"，乡里世称文达公。

现实拓展

挖掘中医药宝库的精华

——访我国首位诺贝尔生理学或医学奖获得者屠呦呦

"没有传承,创新就失去根基;没有创新,传承就失去价值。党的十九大报告提出,坚持中西医并重,传承发展中医药事业。这为中医药发展指明方向。应当深入挖掘中医药宝库中蕴含的精华,努力实现其创造性转化、创新性发展,使之与现代健康理念相融相通,服务人类健康,促进人类健康。"我国首位诺贝尔生理学或医学奖获得者、中国中医科学院首席研究员屠呦呦说。

"古老的岐黄术,历久弥新。中医治未病思想及其在防治现代疾病方面的优势和特色日益凸显,中医需要与现代医学相互借鉴、共同补充发展。"

当屠呦呦接受抗疟项目时,西医药学为她从事青蒿素研究提供了良好的基础。当年屠呦呦面临研究困境时,重新温习中医古籍,传统的中医药给了她创新的灵感。她说,青蒿素是传统中医药献给世界的礼物。青蒿与青蒿素只有一字之差,却是破茧成蝶之变。传承是中医药发展的根基,离开传承谈创新,会成为无源之水、无本之木。

中医药是我国具有原创优势的科技资源,是提升我国原始创新能力的"宝库"之一。但中医药宝库不是拿来就能用的,要与现代科技相结合。像青蒿素这样的研究成果来之不易,要发扬传承创新精神,始终坚持以创新驱动为核心,既要善于从古代经典医籍中寻找创新灵感,也要善于学习借鉴先进科学技术提高创新手段,二者相结合才能产出原创性成果。

"中国医药学是一个伟大宝库,应当努力发掘,加以提高。青蒿素正是从这一宝库中发掘出来的。"屠呦呦说。通过抗疟药青蒿素的研究经历,她深感中西医各有所长,二者必须有机结合,优势互补。中医从神农

尝百草开始，在几千年的发展中积累了大量临床经验。医药学研究者可以从中开发新药，继承发扬，发掘提高，一定会有所发现、有所创新，造福人类。

作为老一代科技工作者，屠呦呦希望青年科技工作者青出于蓝而胜于蓝，一代更比一代强。她说，中医药工作者一定能够把中医药这一祖先留给我们的宝贵财富继承好、发展好、利用好，在建设健康中国的进程中谱写新的篇章。

——《人民日报》，2018-01-05

思辨讨论

1. 习近平在博鳌亚洲论坛 2018 年年会开幕式上发表主旨演讲时所说的"苟利于民，不必法古；苟周于事，不必循俗"是什么意思？

2. 王安石说"祖宗不足法"，老祖宗的智慧对我们今天的生活有没有用？请结合文章内容和自己的生活体验，谈谈你的理解。

3. 老河兵依据自己的经验，得出"凡河中失石，当求之于上流"的结论。请你根据老河兵的分析，用自己的话说一说这是为什么。

4. 阅读以下材料，进行思考，并完成微写作。

优秀传统文化是一个国家、一个民族传承和发展的根本，如果丢掉了，就割断了精神命脉。而改革创新是推动人类社会向前发展的原动力，谁排斥改革，谁拒绝创新，谁就会落后于时代，谁就会被历史淘汰。

那么我们究竟应该如何看待继承与创新的关系？请谈谈你的观点。

第十二单元 精益求精

单元导读

《诗》云:"如切如磋,如琢如磨。"切磋,追求完美;琢磨,追求卓越。人生于世,无法干很多事,故每做一件事,便应发挥到极致。不懈追求,精益求精,是工匠精神的价值。工作是一种修行,将毕生岁月奉献给一门手艺、一项事业、一种信仰,这个世界上有多少人可以做到呢?如果做到,需要一种什么精神支撑呢?

本单元所选的4篇课文,主要围绕"精益求精"这一主题,选取了不同身份的人物,表达了相同的精神。贾岛的《题诗后》和卢延让的《苦吟》,让我们看到了两位诗人在作诗过程中锤字炼句,反复琢磨的精神,这是诗人的精益求精;司马迁的《孔子学琴》,让我们看到了孔夫子在学琴过程中刻苦钻研,技艺日臻完美,这是求学者的精益求精;庄周的《庖丁解牛》,让我们看到了庖丁在反复实践、不断积累中掌握了解剖牛体的规律,这是职业者的精益求精;欧阳修的《卖油翁》,让我们看到了卖油翁通过长期反复苦练而达到熟能生巧之境,这是商人的精益求精。如果我们在学习上能像他们一样,还有什么是学不会、学不懂、学不精的呢?

经典选文

> **经典名言**
>
> 两句三年得，一吟双泪流。
>
> ——贾岛
>
> 吟安一个字，拈断数茎须。
>
> ——卢延让

第四十五课

题诗后

贾 岛

两句三年得①，
一吟②双泪流。
知音③如不赏④，
归卧故山秋。

苦 吟

卢延让

莫话诗中事，诗中难更无。
吟安一个字，拈⑤断数茎须。
险觅天应闷⑥，狂搜海亦枯⑦。
不同文赋易，为著者之乎⑧。

【内容注释】

① 得：这里指想出来。

②吟：读、诵。

③知音：指了解自己思想情感的好朋友。

④赏：欣赏。

⑤拈：用手指头夹、捏。

⑥险觅天应闷：要寻觅惊人险语，就连老天都要郁闷。

⑦狂搜海亦枯：想搜寻绝世狂言，纵使大海也会干枯。

⑧为著者之乎：弄些个之乎者也，胡乱凑够篇幅。

【资料链接】

贾岛（779—843），唐代诗人，字阆（láng）仙，汉族，唐朝河北道幽州范阳县（今河北涿州）人。早年出家为僧，号无本。自号"碣石山人"。人称"诗奴"，与孟郊共称"郊寒岛瘦"。

据说在长安（今陕西西安）的时候，因当时有命令禁止和尚午后外出，贾岛作诗发牢骚，被韩愈发现才华，并成为"苦吟诗人"。后来受教于韩愈，并还俗参加科举，但累举不中第。唐文宗时受诽谤，被贬任遂州长江县主簿。唐武宗会昌年初由普州司仓参军改任司户，未任病逝。有诗文集《长江集》。

贾岛作诗锤字炼句精益求精，布局谋篇也煞费苦心。《题诗后》这首诗就是他视艺术为生命，全身心投入，执着追求完美境界的精神风貌的真实写照。

卢延让，生卒年不详，唐朝诗人，字子善，范阳人。天资聪颖，才华卓绝，为诗师薛能。词义入僻，不尚纤巧，多壮健语，为人所嗤笑。著有《卢延让诗集》。

> **经典名言**
>
> 言治骨角者，即切之而复磋之；治玉石者，即琢之而复磨之；治之已精，而益求其精也。
>
> ——朱熹

第四十六课

孔子学琴

司马迁

孔子学鼓琴①师襄子，十日不进②。师襄子曰："可以益矣。"孔子曰："丘已习其曲矣，未得其数③也。"有间④，曰："已习其数，可以益矣。"孔子曰："丘未得其志⑤也。"

有间，曰："已习其志，可以益矣。"孔子曰："丘未得其为人⑥也。"有间，有所穆然深思焉，有所怡然高望而远志焉⑦。曰："丘得其为人，黯⑧然而黑，几⑨然而长，眼如望羊⑩，如王四国⑪，非文王其谁能为此也！"师襄子辟席⑫再拜，曰："师盖云《文王操》⑬也。"

——选自《史记·孔子世家》

【内容注释】

① 鼓琴：弹琴。鼓，弹奏。
② 进：进展，此指换新曲。下文"益"同此。
③ 数：拍节之数，指演奏技巧。
④ 有间（jiān）：过了一段时间。

⑤志：乐曲中所表现的思想感情。

⑥得其为人：想象到作者是什么样的人。

⑦有所穆然深思焉，有所怡然高望而远志焉：时而庄重穆然，若有所思；时而怡然高望，志意深远。

⑧黯：深黑色。

⑨几：通"颀"，颀长。

⑩望羊：亦作"望洋"，远视的样子。

⑪如王四国：像个统治四方诸侯的王者。

⑫辟席：即避席。古人席地而坐，离座而起，表示敬意。

⑬《文王操》：琴曲名，相传为周文王所作。

【资料链接】

司马迁以其"究天人之际，通古今之变，成一家之言"的史识创作了中国第一部纪传体通史《史记》（原名《太史公书》）。该书被鲁迅誉为"史家之绝唱，无韵之离骚"。从文学的角度看，叙事艺术和写人的艺术是《史记》最值得重视的部分。《史记》刻画人物的艺术手法主要有：

1. 正面描写与侧面描写、特写相结合，突出人物形象。

在一篇以人物描写为主的文章当中，正面描写是绝对的重头戏，人物的面貌，人物的特点，有什么与众不同之处，大都是通过正面描写表现出来的。但仅有正面描写还远远不够，侧面描写的烘托再加上特写的浓墨重彩的渲染，才能塑造出立体的、有血有肉的、活生生的人物来。在《史记》当中，司马迁就是将正面描写与侧面描写结合起来，突出人物形象的。

2. 在矛盾冲突中表现人物。

俗话说："患难之中见真情。"因为人的本性在逆境之中会更容易真实地表达出来。司马迁生动具体地写出了人物之间的矛盾和冲突，再现出紧张多变的场面，人物置身于其中，将各自的个性发挥到了极致。如《史记·项羽本纪》中的"鸿门宴"，作者选择表面平静，实际杀机四伏的鸿门宴会场面，让众多人物在明争暗斗和彼此映衬中展示出了各自鲜明的个性。刘邦的圆滑奸诈，项羽的率直寡谋，张良的深谋从容，范增的偏狭与急躁，樊哙的粗犷豪放，项伯的善良与愚昧，传神尽相，如在眼前。

3. 互见法的运用。

司马迁写《史记》，既要突出人物的个性特征，又要保持人物性格的完整，保持历史的真实，所以在安排材料上他采用了"互见法"。比如他写项羽、刘邦并起反秦，后又有楚汉之争，项羽以悲剧收场，刘邦则登上帝位，过了一段富贵荣华的日子。《史记·项羽本纪》和《史记·高祖本纪》，背景事件人物基本相同，材料几乎交织在一起，司马迁按描写人物的需要，或详或略，或补或删，描写人物各具性格，记述史实则互相补足，这就是"互见法"。

4. 运用比较法，在交错比照中展示人物形象。

司马迁也善于使用对比、比较的手法来刻画人物，或是反方向的比较，或是同类型的映衬。反方向的比较，就是将不同人物的品质作风做对比，或让不同人物在某一方面、某一品质上构成鲜明或比较鲜明的对比，使读者在这种对比中看清人物真实的面貌；同类型的映衬，就是把同类型的人物写在一起，在他们不同的具体表现中，表现其本质的基本一致和程

度上的差别，使读者在这种映衬中看到更加鲜明突出的人物形象。

另外，对话是文学作品塑造人物形象，表现人物性格，展现其内心世界的表现手段。以《孔子学琴》为例，人物间的对话充盈整个作品，语言生动、形象，在突显人物性格、表达作者观点、表现作品主题等方面都起了十分重要的作用。

> **经典名言**
>
> 臣之所好者,道也,进乎技矣。
>
> ——《庄子·养生主》

第四十七课

庖丁解牛

庄 子

庖丁①为文惠君解牛,手之所触,肩之所倚,足之所履,膝之所踦②,砉然向然③,奏刀騞然④,莫不中音。合于《桑林》⑤之舞,乃中《经首》⑥之会。

文惠君曰:"嘻⑦,善哉!技盖⑧至此乎?"

庖丁释刀对曰:"臣之所好者道也,进⑨乎技矣。始臣之解牛之时,所见无非牛者。三年之后,未尝见全牛也。方今之时,臣以神遇而不以目视,官知止而神欲行⑩。依乎天理⑪,批大郤⑫,导大窾⑬,因其固然⑭,技经肯綮之未尝⑮,而况大軱乎⑯!良庖岁更刀,割⑰也;族⑱庖月更刀,折⑲也。今臣之刀十九年矣,所解数千牛矣,而刀刃若新发于硎⑳。彼节者有间㉑,而刀刃者无厚;以无厚入有间,恢恢乎㉒其于游刃必有余地矣,是以十九年而刀刃若新发于硎。虽然,每至于族㉓,吾见其难为,怵然为戒㉔,视为止,行为迟。动刀甚微,謋㉕然已解,如土委地㉖。提刀而立,为之四顾,为之踌躇满志,善㉗刀而藏之。"

文惠君曰:"善哉!吾闻庖丁之言,得养生㉘焉。"

——选自《庄子·养生主》

【内容注释】

① 庖（páo）丁：名叫丁的厨师。先秦古书往往以职业放在人名前。文惠君：即梁惠王，也称魏惠王。

② 踦（yǐ）：通"倚"，支撑、接触。这里指用一条腿的膝盖顶住。

③ 砉（huā 又读 xū）然：象声词，形容皮骨相离的声音。

④ 騞（huō）然：象声词，形容比砉然更大的进刀解牛声。

⑤《桑林》：传说中商汤王的乐曲名。

⑥《经首》：传说中尧乐曲《咸池》中的一章。会：音节。

⑦ 嘻：赞叹声。

⑧ 盖：同"盍（hé）"，怎样。

⑨ 进：超过。

⑩ 官知：这里指视觉。神欲：指精神活动。

⑪ 天理：指牛体的自然肌理结构。

⑫ 批大郤：击入大的缝隙。批，击。郤，空隙。

⑬ 导大窾（kuǎn）：顺着（骨节间的）空处进刀。

⑭ 因：依。固然：指牛体本来的结构。

⑮ 技经：犹言经络。技，据清俞樾考证，当是"枝"字之误，指支脉。经，经脉。肯：紧附在骨上的肉。綮（qìng）：筋肉聚结处。技经肯綮之未尝，即"未尝技经肯綮"的宾语前置。

⑯ 軱（gū）：股部的大骨。

⑰ 割：这里指生割硬砍。

⑱ 族：众，指一般的。

⑲ 折：用刀折骨。

⑳ 硎（xíng）：磨刀石。

㉑ 节：骨节。间：间隙。

㉒ 恢恢乎：宽绰的样子。

㉓ 族：指筋骨交错聚结处。

㉔怵（chù）然：警惧的样子。

㉕謋（huò）：象声词，形容骨肉分离的声音。

㉖委地：散落在地上。

㉗善：通"缮"，擦拭。

㉘养生：指养生之道。

【资料链接】

庄子（前369—前286），名周，汉族，宋国蒙（今河南商丘东北）人，战国时期的思想家、哲学家、文学家，道家学说的主要创始人之一。庄子祖上系出楚国公族，后因吴起变法楚国发生内乱，先人避夷宗之罪迁至宋国蒙地。

庄子生平只做过地方漆园吏，因崇尚自由而不应楚威王之聘，是老子思想的继承和发展者，后世将他与老子并称为"老庄"。他们的哲学思想体系，被思想学术界尊为"老庄哲学"。代表作品为《庄子》，名篇有《逍遥游》《齐物论》等。

> **经典名言**
>
> 盖事之出于人为者，大概日趋于新，精益求精，密益加密，本风会使然。
>
> ——赵翼

第四十八课

卖 油 翁

欧阳修

陈康肃公①尧咨（zī）善射②，当世无双，公亦以此自矜③。尝射于家圃④，有卖油翁释担⑤而立，睨⑥之久而不去。见其发矢十中八九，但微颔之⑦。康肃问曰："汝亦知射乎？吾射不亦精乎？"翁曰："无他⑧，但手熟尔⑨。"康肃忿然⑩曰："尔安⑪敢轻吾射⑫！"翁曰："以我酌油知之⑬。"乃取一葫芦置于地，以钱覆⑭其口，徐⑮以杓⑯酌油沥之⑰，自钱孔入，而钱不湿。因曰："我亦无他，惟手熟尔。"康肃笑而遣之⑱。

——选自《欧阳文忠公文集·归田录》

【内容注释】

①陈康肃公：陈尧（yáo）咨，字嘉谟，谥号康肃，阆（làng）州阆中（今四川阆中）人，北宋官员。公，旧时对男子的尊称。

②善射：擅长射箭。

③自矜（jīn）：自夸。

④圃（pǔ）：园子。

⑤释担：放下担子。释，放下。

⑥睨（nì）：斜着眼看，这里形容不在意的样子。

⑦但微颔（hàn）之：只是对此微微点头，意思是略微表示赞许。但，只。颔，点头。之：指陈尧咨射十中八九这一情况。

⑧无他：没有别的（奥妙）。

⑨但手熟（shú）尔：只是手法技艺熟练罢了。熟，熟练。尔，同"耳"，相当于"罢了"。

⑩忿（fèn）然：气愤的样子。然，表示"……的样子"。

⑪安：怎么。

⑫轻吾射：轻视我射箭的本领。轻，轻视。

⑬以我酌（zhuó）油知之：凭我倒油（的经验）就可懂得这个道理。以，凭，靠。酌，舀取，这里指倒入。之，指射箭是凭手熟的道理。

⑭覆：盖。

⑮徐：慢慢地。

⑯杓（sháo）：同"勺"。

⑰沥之：滴入（葫芦）。沥，下滴。之，指油。

⑱遣之：让他走。遣，打发。

【资料链接】

欧阳修（1007—1073），字永叔，号醉翁，晚号六一居士。汉族，吉州永丰（今江西省吉安市永丰县）人，因吉州原属庐陵郡，以"庐陵欧阳修"自居。谥号文忠，世称欧阳文忠公，北宋卓越的文学家、史学家。《卖油翁》是欧阳修所著的一则写事明理的寓言故事，寓意是所有技能都能通过长期反复苦练而达至熟能生巧之境。

欧阳修作为北宋文坛领袖，其作品很有特点，内容多样化，形式结构新颖，结合当时的生活，笔下的许多作品都流露出了自己的真情实感。

比如，《醉翁亭记》更是将情和景真正地融合在一起，至今脍炙人口。主要描绘的是欧阳修在滁州担任太守的时候同友人出去游山玩水，途经的

地方景色优美，春夏秋冬各有其特点，秀丽的山峰伴随着溪流声，山势高低起伏，醉翁亭便在此上方。于是便开始了和朋友的尽情饮酒畅谈。这个地方好似桃花源，有小溪，有绿树，还有鱼儿，欧阳修觉得来到这里一切烦恼都没有了。他的"醉翁之意不在酒，在乎山水之间也"，道出了自己的心声。欧阳修是被贬到这里的，心里自然会有怨恨。最主要的是他所在的地方人民生活幸福，但国家却仍然处在危机中。这有悲有喜的心情让他不知所措。于是，他把所有的情感都寄托在了创作中。

现实拓展

精益求精　追求卓越工匠精神

——访浦林成山（山东）轮胎有限公司机动维修部主管迟亮亮

从一名普通的设备安装、维修工人，到担任机动维修部主管，负责公司大型、高精设备安装，设备改造和设备维修，16年的潜心工作，让浦林成山（山东）轮胎有限公司机动维修部主管迟亮亮成了行业内的佼佼者。他的故事告诉我们一个道理：是金子总会发光。

潜心钻研　技艺突飞猛进

能获得"威海工匠"的殊荣，必定有着常人所不及的真本事，迟亮亮自然也不例外：高精度设备装配安装工艺水平国内领先；钣金手工制作产品得到国内外同行的一致赞美；自主设计，创新改造，为企业节省大量资本……罗马不是一天建成的，能达到如此成就，迟亮亮这一路走来的每一步都付出了努力的汗水。

2003年，迟亮亮从技校毕业，来到了浦林成山（山东）轮胎有限公司的工作车间，成为设备安装维修工作的一名小学徒。从工作第一天开始，他就对自己要求十分严格。在经过长期深入钻研专业技术技能后，工作技能和业务水平不断提高。2004年9月，迟亮亮就在威海机械行业四工种职工职业技能大赛上斩获桂冠。

"学校和实际工作是不同的，工作后才发现自己不懂的问题还很多。"迟亮亮说，刚刚工作的自己有许许多多的不明白，可每当他向车间师傅询问时，师傅只是"点到为止"，从来没有告诉他答案；而每当他自己完成工作之后，之前本就不配合的师傅又突然变得吹毛求疵起来，哪怕是很小的问题也都不放过。

"本来就不告诉我怎么做，做完了为什么还要对我如此严格？"师傅的做法他很不理解。但手艺还是要学，师傅不教，就自己去钻研。于是，车间里多了一个跑前跑后的身影。无论车间工作的老工人和自己有没有关系，是不是认识，只要稍有疑惑之处，迟亮亮便上去请教两句；师傅在工作的时候，只要手头没事，他也会在旁边记下要点，再回去自己模仿；而晚上下班之后，书里看、网上查，所有与维修有关的知识，他都不会放过。

自己学生时代的良好积累加上工作之后的主动学习，迟亮亮的成长速度快得惊人。2004年9月，当他仅用1年的时间就获得市级荣誉之时，他才明白师傅的良苦用心：授之以鱼不如授之以渔。主动学习，才是取得进步的捷径。

怀揣着这种坚韧的信念和不断学习的动力，逐渐地，迟亮亮从车间的一名普通学徒成长为技术骨干，并在2017年成为机动维修部主管，负责大型、高精设备安装，设备改造和设备维修等工作。

成为主管的迟亮亮也没有忘记对新人的培养，和自己的师傅一样，他同样要求徒弟主动学习，严格对待每件产品，对待徒弟倾囊相授，毫无保留。如今，他已带出徒弟数十名，为新职工授课已累计3 000小时。

精益求精　带队攻克难题

16年来，迟亮亮从点滴做起。不断在工作中钻研进取，寻找新技术、新方法，精益求精，是他一直以来坚持的目标。多年来，迟亮亮带领自己的团队攻克了一个个技术难关。

蒸汽节能管道保温层是迟亮亮所在车间的产品，虽然制造工艺并不难，但弧形的外观使得制作出的产品或多或少留有一些不影响使用的缝隙。可精益求精的他不这么认为。在他的字典里，从来没有"差不多"这种概念。即使再小的缝隙，他也要补上，这样保温效果能够更好，更能保证产品效果达到完美。

车间轮胎钢丝圈包布生产需要经过纵裁、分条、重缠三台设备进行生产，三台设备占地面积大，而且每道工序都要有人看守和执行，这严重拖慢了车间生产效率。能不能研制出一台三合一机器，提高生产效率呢？勤于思考的迟亮亮开始了自己的钻研。虽然看似简单，但如果要一步到位，各项工具用料都要进行相应的改变。可他并没有因此停下自己的钻研步伐。半年时间内，他先后使用各种材料，进行了10余次实验，终于自行设计研制出了三合一包布分切机，实现了一步成品，减少了中间生产工序和人力消费，每年为公司节省出110多万元的成本。

因公司持续产能提升，炼胶产能突显不足，而现有的密炼厂房无法增加新密炼机。迟亮亮带领团队，通过考研、策划，在不增加密炼机的情况下，利用稀缺的场地，增加开炼机完成补充炼胶，实现一次性母炼降段，产能及效率提升，测试炼胶的质量等同于传统利用密炼机重复炼胶方式。共完成两台改造，节约电成本249万元，节约人工成本84万元，节约新密炼设备投资2 000万元。

这些年，迟亮亮攻克的一道道难题也慢慢有了成绩，他先后荣获"荣成市青年岗位能手""威海市技术能手"等称号，实现了全年所辖设备影响生产时间为零的好成绩，为公司创造了巨大的效益。

"自毕业入职公司，我便树下了扎根工厂一线、奉献公司的决心和意志。无论何时，我会一直坚持自己的信念，为公司发光发热。"迟亮亮说。

——《齐鲁晚报》，2018-05-30

思辨讨论

1. 从孔子学琴的故事中，你明白了什么道理？

2. 读了《庖丁解牛》这篇文章后，给你怎样的启示？请结合自己对学习、生活的态度，以"由《庖丁解牛》想开去"为话题，谈谈自己的认识和感受。

3. 卖油翁和陈尧咨两人对待自己长处的态度截然不同，那么你呢？请分别谈谈你如何看待自己及别人的长处。

4. 阅读以下材料，进行思考，把自己的所思所想写下来，字数300字左右。

多年前，当电脑自动化的新技术还未面世时，在工商管理方面极负盛名的哈巴德曾经这样说："一架机器可以取代50个普通人的工作，但是任何机器都无法取代专家的工作。"

果然，现在数以万计的普通工作都已经由机器取代了，但专门人才的地位还是稳如泰山。因为没有这些专家来操纵机器，机器就会像废物一样毫无用处。

法国的化学和细菌学家巴斯德说："只要是学有专长，就不怕没有用武之地。"可见，你只要能够把自己锻炼成为一门重要行业的不可缺少的专家人物，你也就能够圆满做事，就能够有所作为。

天津有位小名叫"狗子"的生意人，只是对蒸包子有所专长，却成功地创下了一个名扬中外的"狗不理包子"老字号。

北京的王麻子只是剪刀做得好，却成功地开创了自己的事业。

而许多知识涉猎广泛但浅尝辄止的人并不明白这个道理，一生都平平庸庸，无所作为。